新文科·创意设计丛书

Illustrator 插画设计

周娉◎编著

电子工业出版社
Publishing House of Electronics Industry
北京·BEIJING

内 容 简 介

本书从插画的基础知识出发，以Illustrator为创作媒介，深入浅出、图文并茂地介绍了人物插画、动物插画、场景插画、物品插画的设计创作方法及过程。每章都设有"教学目标""教学重点和难点""实训课题"等模块。第1章详细讲解了插画的概念、起源及发展、分类、创作流程、软件的使用等基础知识；第2章到第5章根据插画的类别，以理论加实践的方式分别讲解了人物插画、动物插画、场景插画、物品插画的创作要素、创作实践和习作欣赏点评。

本书的操作性强，初学插画者可以通过案例进行学习，中级插画者可以从创作手法和工具的使用中进一步梳理插画知识提升技法。本书既可以作为艺术设计专业学生基础课学习的教材，也可以作为行业工作人员的参考书，值得广大插画爱好者收藏。

未经许可，不得以任何方式复制或抄袭本书之部分或全部内容。
版权所有，侵权必究。

图书在版编目（CIP）数据

Illustrator 插画设计 / 周娉编著 . -- 北京 : 电子工业出版社, 2024. 9. -- ISBN 978-7-121-48261-8

Ⅰ . TP391.412

中国国家版本馆CIP 数据核字第2024UM2175 号

责任编辑：戴晨辰
印　　刷：北京富诚彩色印刷有限公司
装　　订：北京富诚彩色印刷有限公司
出版发行：电子工业出版社
　　　　　北京市海淀区万寿路173 信箱　　邮编：100036
开　　本：787×1092　1/16　印张：13　字数：333 千字
版　　次：2024 年9 月第1 版
印　　次：2024 年9 月第1 次印刷
定　　价：79.90 元

凡所购买电子工业出版社图书有缺损问题，请向购买书店调换。若书店售缺，请与本社发行部联系，联系及邮购电话：（010）88254888，88258888。

质量投诉请发邮件至zlts@phei.com.cn，盗版侵权举报请发邮件至dbqq@phei.com.cn。

本书咨询联系方式：dcc@phei.com.cn。

前　言

　　插画是一门传统学科，随着信息社会的发展和图形媒介传播手段的丰富，现代插画越来越成为人们生活中无处不在的一种视觉语言，而插画的表现题材和绘制手法也日新月异。

　　绘制插画的软件种类很多，常见的有 Photoshop、Easy Paint Tool SAI、Painter、Illustrator 等，每种插画软件都有其各自的特点。本书的目标读者为入门与提升级别的学习者，所以选择了较容易上手又具有强大功能的 Illustrator。Illustrator 是 Adobe 公司开发的矢量图形绘制软件，广泛应用于印刷出版、海报书籍排版、专业插画绘制、多媒体图像处理和互联网页面制作等方面。

　　作者从多年的教学实践中总结插画设计教学方法、收集教学实践案例来编写此书。全书主要具有以下特点：在编写思路上，将设计创意与技法操作相结合；在编写模式上，注重教学效果需求，每章都设有"教学目标""教学重点和难点""实训课题"等模块。本书旨在使读者能够熟练掌握并使用 Illustrator 进行矢量插画设计的方法，提高读者利用 Illustrator 创作插画的能力。本书具有大量的案例和详细的绘制步骤，希望读者在开阔视野，激发创作灵感的同时，走进插画世界。

　　为了方便读者学习，本书还配有视频教程，读者可扫描二维码观看并学习。本书其他相关配套资源，读者可登录华信教育资源网（www.hxedu.com.cn）免费下载。为了便于读者交流，本书还提供了读者 QQ 群（710040765）和微信公众号（WePlusDesign）。

　　在软件教学过程中，作者一直主张案例学习法，这种教学方法激发了学生对插画创作的兴趣，以下是学生的创作心得总结。

　　通过对本学期数字图像设计相关课程的学习，我觉得我学到了很多。在学习此课程之前，我对插画的了解很少，只有一个粗略的印象，感觉插画的范围很广，待真正了解后才发现，插画的确源远流长、博大精深。

　　首先，真心感谢老师的悉心教导。我以前并没有接触过插画，一开始实在有些丈二和尚摸不着头脑。这门课程给我最大的帮助是使我养成了一个好习惯：要有计划、有目的性、有条理、循序渐进地完成每一阶段的作业。这个习惯不仅限于插画这门课程，它将对我此后的人生中的每一件事都有帮助。课程开始时，在老师的指导下，我们各自查阅了自己感兴趣的插画艺术家，我感兴趣的是装饰风格的插画，欣赏画作不需要文字，通过画面完全可以清晰地感受到作者想要传达的意思，千言万语尽在作品中，这也是我要学习并追求的：用作品说话，让观赏者能够产生共鸣。作品从来都不应该只是单方面地说"是什么"，而是观赏者能否与之产生共鸣。我不知道自己的理解是否正确，但我希望自己的作品能够如此，使观赏者有所感，而不需要我使用言语来描述。我很感慨作者内心的强大。好的作品不是一蹴而就的，要靠耐心和悉心慢慢雕琢，这也是我十分缺乏的，要经过更多的练习和时间沉淀累积，耐得住寂寞。

插画发展到今天，早已不是文字的陪衬品，它不但能突出主题思想，还能够增强艺术感染力。如今，插画已经发展成为一种多元的艺术形式。插画作为现代设计中一种重要的视觉传达方式，以其直观的形象性、真实的生活感在现代设计中具有特定的地位，并广泛应用于现代设计的多个领域，涉及文化活动、社会公共事业、商业活动和影视文化等方面。在做作业期间，我频繁地跟老师探讨，在老师的指导下多次改进，使我在专业上不断进步。

我的创作也存在着许多不足之处，仍需要不断地学习，争取做到尽善尽美。

特别感谢中南大学马丽娜、石佳琦两位研究生在内容编写和格式修改过程中的突出贡献。感谢侯心雨和李婷钰同学提供了部分插画的绘制步骤。感谢刘逸格、齐亦菲、王渝萱、胡璇同学提供了相关电子资源。本书的实际案例来源于作者多年课堂教学中学生的课程作品，感谢以下学生为本书的撰写提供了精彩的案例：石佳琦、陈云霞、孙仪、范凯龙、李星锐、葛宋、吴雅琦、罗澜熙、朱钇遐、辛思迪、杨铁彤、刘苗苗、袁婧怡、陈澍扬、刘归庆、王湘、夏曦、李东明、刘庆、王文、吴雅祺、王梅、张梦茹、陈幸瑜、房立霄、程玉、罗彬、周妍君、刘悦、邱遥、田沁汶、马滢、宋琦儿、侯越越、张钰、王倩、刘亦芙、苏乃妤、杨紫怡、孟晨、马晓昱、李池颖、柴雅迪、周芷馨、王雪莹、张琪、鄢然等（排名不分先后）。感谢电子工业出版社的相关编辑，正因他们的严谨和专注使本书的语言和结构更加清晰和准确。

虽然作者从事设计教学多年，但插画设计及插画风格日新月异，加之作者的学识与经验有限，本书难免存在不足之处，敬请各位专家和学者批评指正。

作　者

2024 年 9 月于长沙

目 录

第1章 插画设计概述 1
1.1 什么是插画 2
1.2 插画的起源及发展 2
1.2.1 中国插画的发展 2
1.2.2 外国插画的发展 5
1.3 插画的分类 7
1.4 插画的创作流程 8
1.4.1 调研收集 8
1.4.2 绘制草图 9
1.4.3 提炼表现形式 9
1.4.4 计算机操作 9
1.5 软件的使用 9
1.5.1 界面介绍 12
1.5.2 主要工具介绍 13
1.5.3 常用快捷键介绍 15
1.5.4 Illustrator 基本操作 16
课后练习 18

第2章 人物插画 19
2.1 人物插画创作要素 20
2.1.1 人物比例及动态 20
2.1.2 面部表情 23
2.1.3 外部形象 24
2.1.4 带场景的人物 24
2.2 创作实践 25
2.2.1 扁平化人物创作——扑克牌人 25
2.2.2 照片转换Q版人物创作——加勒比海盗 43
2.2.3 人物动态创作——顽皮的男孩 50
2.2.4 装饰风格的复杂人物动态插画创作——黛玉葬花 54
2.3 习作欣赏点评 60

2.3.1 运用线条绘制摩登女郎......60
2.3.2 运用点、线、面构成夸张怪诞的人物形象......60
2.3.3 讲述故事......61
2.3.4 带有场景的节庆日......62
2.3.5 立体化风格人物形象......62
2.3.6 人物头像表情......63
2.3.7 浪漫主义风格的人物......63
课后练习......64
第 3 章 动物插画......65
3.1 动物插画创作要素......66
3.1.1 动物插画分类......66
3.1.2 动物运动规律......68
3.1.3 创作方法与思路......72
3.2 创作实践......74
3.2.1 扁平化动物创作——萌鹿......74
3.2.2 立体主义拼接动物创作——猩猩......77
3.2.3 手绘效果的插画创作——秃鹫巫婆......79
3.2.4 Q 版动物造型设计——袋鼠先生......82
3.2.5 立体主义插画创作——孙悟空三打白骨精......87
3.2.6 带场景的多个动物创作——大熊猫的日常......89
3.2.7 表现天气的肌理处理创作——风雨中的老鼠们......92
3.2.8 多种类型动物的组合场景创作——森林乐队......96
3.3 习作欣赏点评......98
3.3.1 怪兽形象......98
3.3.2 写意类动物造型......99
3.3.3 对称动物造型......99
3.3.4 手绘肌理效果......99
3.3.5 仿三维效果......100
3.3.6 扁平化风格的动物造型......100
3.3.7 具有幽默感的动物造型......101
3.3.8 具有装饰性的动物造型......102
3.3.9 组合类动物......103
课后练习......104
第 4 章 场景插画......105
4.1 场景插画创作要素......106
4.1.1 场景插画的构成元素......106

- 4.1.2 场景插画的建构方法 107
- 4.1.3 场景插画的透视与景别 108
- 4.2 创作实践 110
  - 4.2.1 具有三维立体感的店铺创作——CAT 咖啡店 110
  - 4.2.2 动物与场景的结合创作——迁·徙 114
  - 4.2.3 扁平化风格街头场景创作——城市街景 118
  - 4.2.4 室内空间插画创作——圣诞快乐 123
  - 4.2.5 城市空间插画创作——伦敦飞行之旅 127
  - 4.2.6 复杂场景创作——僵尸新娘之前生梦 133
- 4.3 习作欣赏点评 143
  - 4.3.1 多角色的户外场景 143
  - 4.3.2 故事叙述性插画 145
  - 4.3.3 扁平化风格的场景 145
  - 4.3.4 新年系列 146
  - 4.3.5 讽刺类插画 147
  - 4.3.6 写实主义插画 147
  - 4.3.7 人物与场景结合的插画 148
  - 4.3.8 回忆类系列插画 149
- 课后练习 150

第 5 章 物品插画 151

- 5.1 物品插画创作要素 152
  - 5.1.1 物品插画的创作要领 152
  - 5.1.2 物品插画的技法 152
- 5.2 创作实践 157
  - 5.2.1 屏幕的绘制——计算机一体机 157
  - 5.2.2 塑料质感的插画创作——单反相机 161
  - 5.2.3 金属质感的插画创作——闹钟 164
  - 5.2.4 食物的色泽与质感塑造——基围虾 169
  - 5.2.5 食物的色泽与质感塑造——西式美食 176
- 5.3 习作欣赏点评 191
  - 5.3.1 油条和豆浆 191
  - 5.3.2 精致小吃 191
  - 5.3.3 小笼包 192
  - 5.3.4 西红柿叉烧面 192
  - 5.3.5 美味甜点 193
  - 5.3.6 缤纷美食 193
  - 5.3.7 美食组合 194

5.3.8　生活中的物件 195

　　5.3.9　超写实物件 196

　　5.3.10　仿绘画效果类的插画 197

　　5.3.11　交通工具类的插画 198

　　5.3.12　综合练习 199

　课后练习 199

参考文献 200

第 1 章　插画设计概述

【教学目标】

本章通过对插画概念的讲解，对中西方插画的发展历程和各种风格及流派的介绍，使初学者了解什么是插画，并掌握插画创作的流程和方法。另安排实践环节，让初学者熟悉 Illustrator 的工作界面、Illustrator 中菜单命令的使用原则，掌握打开工具栏的方法，了解 Illustrator 相关工具的用途和快捷键。

【教学重点和难点】

本章的教学重点是插画的各种风格和流派的特点，以及插画创作的流程和方法；难点是软件的学习与操作使用。

【实训课题】

（1）通过各种渠道（实际案例、网络、图书馆等）收集图片或照片资料，分析不同时期的插画，不同风格和流派的特点。

（2）熟悉 Illustrator 的工作界面、Illustrator 中菜单命令的使用原则，掌握工具栏中各种工具的使用方法。

1.1　什么是插画

插画是利用图形语言进行信息传达的艺术形式，它将文字内容、故事或思想以视觉化的方式呈现，可以插附在书刊中，也可以脱离文字单独存在，具有自身独特的审美价值和艺术内涵。

插画与其他艺术绘画的区别在于，在功能上，插画具有明确的信息传达作用，而艺术绘画绝大部分传达的是创作者自身的体验和感受。插画与其他艺术绘画的共同点在于，在表现角度上，插画和艺术绘画同样具有艺术性、绘画性，灵感来源于生活，都进行了艺术加工处理。由此，一幅优秀的插画能够准确地传达信息，艺术手法具有审美价值。

插画又被称为插图，从字面上来看，插画与图书有关。中国自古就有"图书"一词。古人著书立说，重视图的作用，所以就有"左图右书""左图右史""文不足以图补之，图不足以文叙之""古人以图书并称，凡有书必有图"的说法。但现代插画早已摆脱文字的捆绑。由此可见，插画比插图的概念更加宽泛，它已经成为现在平面设计中的重要视觉语言。

1.2　插画的起源及发展

插画艺术源远流长，经历了漫长的演化过程，在不同的地域、不同的历史时期，插画的风格也不同。下面从中国插画的发展和外国插画的发展两个方面对插画的起源及发展进行介绍。

1.2.1　中国插画的发展

在未发明文字以前，人们为了记录日常活动、想法，使用图画、符号在岩石上进行绘画雕刻。1942年湖南长沙楚墓出土的战国帛书，版面中心写有文字，四周绘有十二神像。据刘国忠《古代帛书》中描述，该帛书是我国最早出土的帛书，上面这些图案表达了楚文化对于死亡及神的朴素认识，也标志着中国早期插画形态的形成，如图1-1所示。

唐代雕版印刷术的发明大大推进了书籍插画的发展。唐代后期，我国的雕版印刷插画已经达到了很高的水平。现存于英国大英博物馆的《金刚经》的扉页画"说法图"是在唐代咸通九年（公元868年）刻印的水印版画。张建宇在《中唐至北宋＜金刚经＞扉画说法图考察》中提到，该插画是世界上现存的有年代可考的最古老的一幅木刻画，全书木刻字迹清晰，画面精美。

五代、宋、元的插画在唐代的基础上更进一步，在这一时期，雕版印刷术得到了发展，现遗存的插画大部分仍然以佛教题材为主。例如，北宋建安余靖安刻印的《古列女传》是现存最早的小说插画；元刊《全相武王伐纣平话》《全相三国志平话》等，采用上图下文的形式，使用画面明确表达故事情节，图与图之间具有一定的连贯性，标志着文艺类书籍插画的形成，宋、元时期是中国版刻插画艺术史上承前启后的重要时期。

明代的插画不仅绘制技艺更精湛，在制作地域上也空前扩大，期间出现了套版彩印插画，形成了建安、金陵、新安三大艺术流派。插画形式也更加丰富，出现了双面连式、多面连式、月光式等形式。此时出现了"绣像"这一中国特有的民间插画形式，它是指在小说卷首绘制的小说人物的肖像。这个时期具有代表性的插画有蒙学读本《养正图解》，长篇小说《西游记》《三国演义》《水浒传》等。明代插画从数量和质量上都代表了中国古代插画艺术的最高成就。

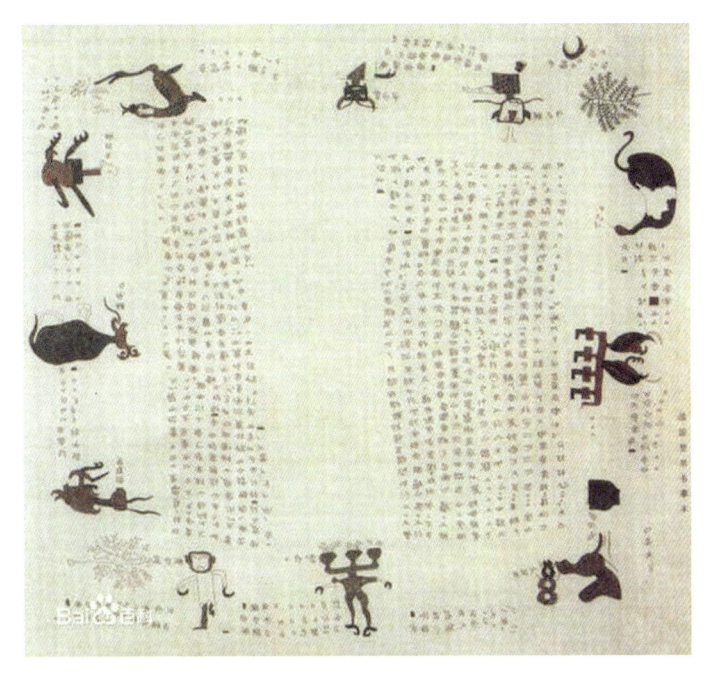

图 1-1

在清代，石版印刷成为印刷书籍和插画的主要方法，因其具有便捷、省力、成本低廉的特点，被广泛使用。民间插画题材大致分为两类：人物和山水，民间较为流行套色木版年画，以苏州的桃花坞、天津的杨柳青、山东的杨家埠、四川绵竹的年画为代表。清代民间木版年画的造型单纯、色彩明快，体现了独特的民间艺术风格。其中，康熙年间沈因伯《芥子园画传》就是套版彩印插画的佳作，"一幅之色，分别先后，凡数十版，有积至逾尺者"至今仍被奉为画学的圭臬。画家吴友如为《点石斋画报》创作的大量插画具有典型的时代特色。

清末民初时期，由于受到西方文化、经济、技术及艺术的影响，插画在内容、题材和表现手法上均有向西方学习，特别是当时一批有识之士从欧美留学回来后，提倡新的插画艺术，代表性人物有丰子恺、闻一多、鲁迅等。鲁迅曾为自己的作品《朝花夕拾》创作过插画《无常》。此时还有带有现代商业色彩的老上海月份牌、香烟广告画，以周慕桥、郑曼陀、杭稚英为典型，将西方油画的造型和透视感融入插画，人物形象逼真，色彩艳丽，质感细腻，从内容到形式中西结合，以"洋装""美人"吸引眼球。

在抗日战争时期，木刻版画得到很大的发展，粗犷的线条感刻画出人民英雄坚贞不屈、英勇抗敌的情景。新中国成立后，图书出版工作得到了高度重视，插画发展较快，涌现出了大量的优秀作品。如叶浅予的《子夜》《春蚕》，丁聪的《腐蚀》，李可染的《从百草园到三味书屋》等，如图1-2所示。此时，插画的题材广，表现手法丰富，技术较高。改革开放以后，随着我国社会、经济、文化事业的快速发展，图书、报纸、期刊的需求高涨，对外交流增加，人民群众的审美意识提高，促进了我国插画的发展，特别是20世纪90年代计算机、网络技术的应用，对插画的创作主题、表现手法具有重要影响。

图 1-2

作为世界文化遗产的敦煌壁画，如图1-3和图1-4所示，其独特的表现形式和强烈的艺术魅力，对现代插画产生了重要影响。敦煌壁画具有与世俗绘画不同的审美特征和艺术风格，题材以道教的神话故事为主，分为佛像画、经变画、人画像、装饰画、故事画、山水画等，造型具有夸张、变形的特点，线条豪放自由、粗壮有力。

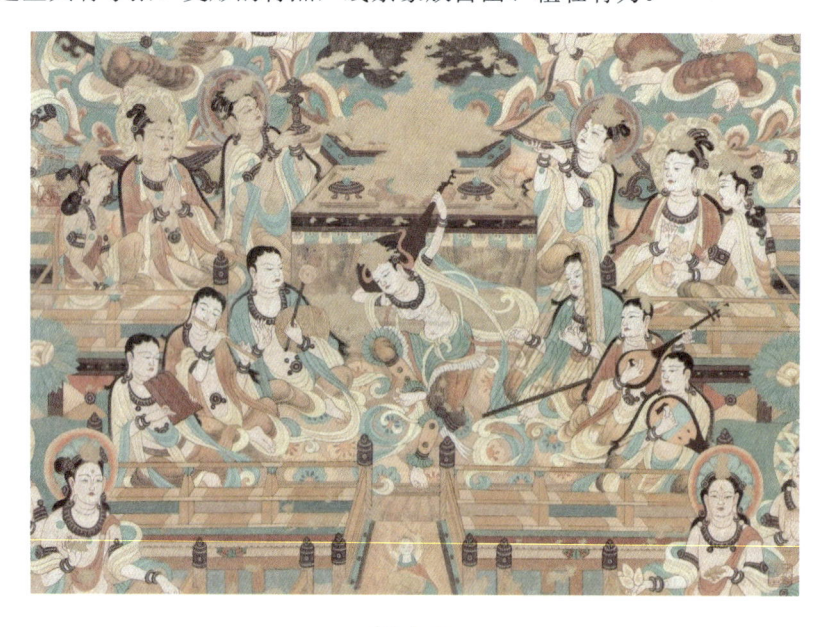

图 1-3

图 1-4

1.2.2 外国插画的发展

外国的插画历史悠久，其起源可以追溯到距今约四万年的原始人洞穴岩画。1879年的夏天，西班牙考古学者桑图拉发现了阿尔塔米拉洞窟，该洞窟岩画的年代为旧石器时代。在西班牙阿尔塔米拉洞窟壁画中，"受伤的野牛"最为精彩，它描绘了负伤的野牛四肢蜷缩在一起，头部深深埋下，背部则高高隆起，因受伤而痛苦不堪的样子，表现了动物的尊严与力量，及它为生命最后的挣扎，如图1-5所示。

图 1-5

岩画体现了欧洲旧石器时代洞窟壁画最显著的特点：以大型动物形象为主，手法上较为写实，形象之间没有联系，使用抽象的符号进行表达。

古埃及的文字基本上是象形文字，刻在石头、木板、金属上，在文字的周围都会配有细密画，作为书籍的插图或装饰图案。古埃及时期的墓室壁画讲述了墓主在世的生活及死后的生活，如图 1-6 和图 1-7 所示。

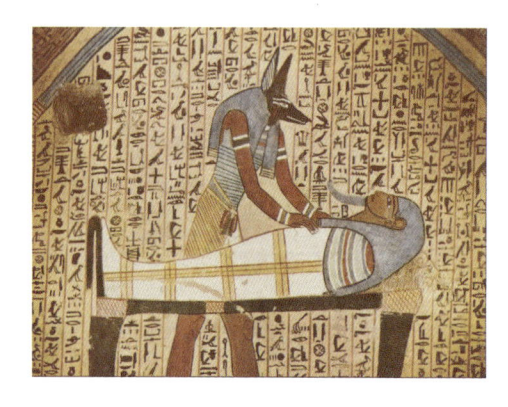

图 1-6　　　　　　　　　　　　　　　图 1-7

古希腊文明孕育了大量的神话、诗歌、寓言等古典文学作品，这些作品的部分手抄本中就有与之相配合的插画。例如，《荷马史诗》中就有大量的精彩插画。

文艺复兴时期，欧洲的插画发展迅猛，俄国艺术大师阿·丢勒创作的《启示录》是有史以来著名的插画之一，这幅插画突破了传统的艺术表现形式，描绘生动，线条丰富有力。德国画家小汉斯·荷尔拜因创作的插画《死亡之舞》共 41 幅，运用流畅洒脱的木刻线条，其艺术形式在中世纪广泛流行。

十五世纪，随着印刷术的不断改进，插画有了新的发展。威尼斯木刻版插画《十日谈》，以朴素、简洁、明快、单纯的特点流传后世。

十八世纪末，日本出现的版画插图又被称为浮世绘，是日本江户时代（1603 年—1868 年）兴起的一种民间绘画，以描绘当时整个社会现象为主，精美的浮世绘海报受到当时百姓的喜爱。浮世绘打破了古典创作规则，给寻求创新的画家们带来了全新的感受。浮世绘采用了非严谨、科学的透视关系，如散点透视法、前缩透视法和重叠透视法，如图 1-8 所示。

图 1-8

十九世纪到二十世纪,杂志成为民众的主要娱乐方式之一,美国的插画得到了较大的发展。哈伯兄弟推出的《哈伯市场周刊》就是以插画为主面向大众的读物,每一期都聘请了杰出的插画家创作插画。随着文化的交流,美国插画进入了多元化时代。此时,日本的现代插画在风格和思想上受西方现代艺术的影响,融合了东西方文化,既保留了传统浮世绘的审美特征,又吸收了西方现代艺术手法,形成了具有东方特点的艺术风格。

1.3 插画的分类

按照插画的绘制工具,插画可以分为传统手绘插画和数码插画。传统手绘插画使用不同的工具表现出不同的艺术效果,分为素描、速写、彩色铅笔画、钢笔画、油画、水彩画、水粉画、工笔画等。传统手绘插画具有便于操作、不易受环境影响、不易修改的特点,能够直接、直观地展现艺术家真实的感觉。数码插画是指利用计算机及绘图软件创作的插画。在创作程序上与传统手绘插画区别不大,但是在工具的应用上具有较大的不同。数码插画易于修改,能够批量化生产,表现力强。数码插画是本书重点介绍的内容,后面的案例将围绕其展开。日本插画师 Tatsuro Kiuchi 的作品如图 1-9 和图 1-10 所示。

图 1-9   图 1-10

按照插画的应用,插画可以分为书籍插画和商业插画。书籍插画较多出现在文学故事中,如儿童读物、诗歌、散文。一些科技说明也常常使用插画进行形象上的补充说明,如安装示意图、统计图表、导航图等,以信息可视化的形式出现。商业插画具有较强的实用性和目的性,是为商业活动服务的,包括各种报纸杂志、广告媒体、商品包装上的插画。商业插画发展迅速,具有吸引消费者目光的作用。

按照插画的表现形式,插画可以分为写实、卡通、装饰等类型。写实类型的插画的直观性较强,信息量较大,具有真实性,一般在商业插画中使用得较多,能够准确地传达产品特征。卡通是我们常见的一种形式,卡通类型的插画活泼、可爱、幽默,使用夸张的手法使插画中的形象更加生动、有趣、有亲和力。装饰的形式主要表现在插画的图案化、平面化上，现在较为流行的是扁平化风格，它是从界面设计中来的。扁平化是指不使用渐变、阴影、高光等拟真视觉效果，而是进行色彩平涂，从而使界面看上去更"平"。扁平化风格的插画丰富了插画表现形式。插画的分类如图 1-11 所示。

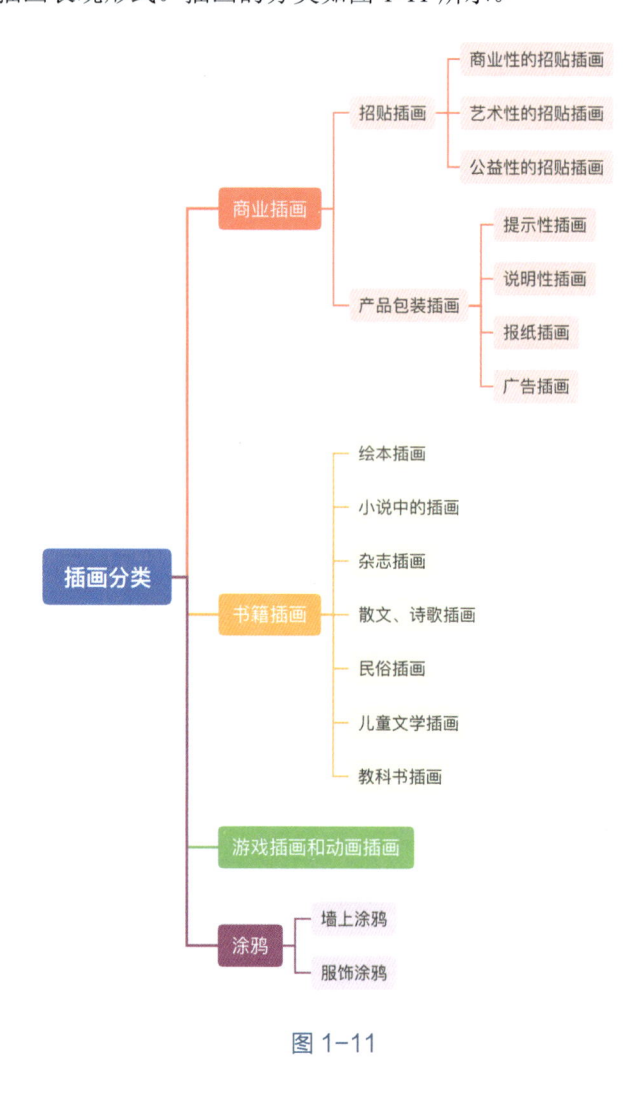

图 1-11

1.4 插画的创作流程

1.4.1 调研收集

在创作插画之前，需要对主题进行分析，收集相关的素材，如果是商业插画，则还需要与客户交流、沟通。这些是创作插画的前提，要明确做什么、怎么做，梳理收集到的信息并进行简单的整理，注明自己的创作意图。

1.4.2 绘制草图

绘制草图在初学者阶段是非常有必要的，草图可以在纸面上进行绘制，也可以直接使用计算机绘图软件进行绘制。在纸面上绘制草图通常能给予我们许多灵感，这是使用计算机绘图软件不能做到的。只有在非常熟练地使用计算机绘图软件后才可以略过这一步。绘制对象尽可能地从自己感兴趣的方面入手，这样能够设计出更加有意思的形象。

草图就是将构思的形象绘制在纸面上。草图能够更有效地帮助创作者建立一个更直观的形象和明确想法。创作者需要在草图中将人物角色的特点定下来，建立人物角色基本的表情特征，适当进行色彩上的处理。创作者可能在创作前期只是在心里有个大概想法，没有具体的原型，或者创作者拿到一个命题，需要从无到有地进行构思。不管怎样，都需要在纸上随意地写写画画，大胆设计，以寻找灵感，并留出更多的空间进行思考，一步步表达出自己想要的效果。这是一个过程，好的构想并不是一次就能完成的，所以在创作过程中需要具有耐心。

在绘制草图时，可以使用比较软和粗的速写笔轻快地绘制外形轮廓，接着使用较硬的画笔描绘细节，如眼角、嘴角、衣服褶皱等。在完成第一稿之后，再进行第二稿、第三稿的绘制，不断地细化。如果不喜欢在一张纸上绘制，可以在拷贝板上完成第二稿、第三稿的绘制，或者在计算机里将第一稿的色调调弱，新建图层，完成第二稿、第三稿的绘制。越往后绘制，作品越趋于完善，细节体现得越多。

1.4.3 提炼表现形式

在草图的基础上，需要反复提炼。结合创作主题，从形态、色彩、风格等方面进行提炼，经过多次迭代，直到达到自己想要的结果。

1.4.4 计算机操作

完成草图后，使用计算机绘图软件（如 Photoshop、Illustrator 等）中的钢笔工具绘制轮廓。在此过程中也可以进行一些细节上的修改，绘制轮廓是个精细的活儿，需要潜下心来慢慢完成。

接下来就是填充颜色，在填充颜色的过程中，创作者需要学习一些必要的色彩知识和搭配处理，有时候一幅好的作品可能会因为色彩搭配的失误而导致整体效果不佳。建议尝试不同的色彩搭配，或者使用一些色彩搭配方案。插画也是有主题色彩的，这需要创作者平时多注意观察和积累，提高对色彩的感知能力。

1.5 软件的使用

绘制插画的软件有很多，如 Photoshop、Easy Paint Tool SAI、Painter、Illustrator 等，在绘制过程中，可以根据需要使用手绘板、手绘屏之类的辅助设备。

视频学习

知识拓展

数位板也被称为手绘板,通常由一块板子和一支压感笔组成,连接计算机后安装驱动就可以用来绘画。

(1)压感级别:压感就是数位板对下笔力度变化的感应灵敏程度,线条的粗细、虚实都依靠压感来实现。现在常见的压感级别有4个,分别为512(基本淘汰)、1024(进阶)、2048(专业)、8192(高端),压感级别越高,笔触越细腻,使用体验越好。

(2)读取速度:读取速度是指下笔时数位板的感应速度,呈现在显示器上的同步率,常见读取速度有100、133、150、200、220、266,读取速度越快,越感受不到延迟,如果读取速度大于100,则基本无延迟现象。

(3)读取分辨率:分辨率越高,画质展现越清晰,常见的分辨率有2540、3048、4000、5080,对于初学者来说,分辨率达到2540即可。

(4)数位板品牌:Wacom(和冠)在业内有口皆碑,专业人士大多使用的是Wacom的数位板。Wacom的技术成熟,产品质量优秀,有适用于初学者的入门级系列、影拓进阶级系列、影拓Pro专业级系列,也有新帝数位屏高端系列。国产品牌绘王、高漫、友基、绘客、汉王等,价格亲民,性价比高,适合初学者使用。

每种插画软件都有各自的特点。

Photoshop具有功能强大、适用范围广的特点,是一款专业的图像处理软件,一般用于图形图像后期处理、合成。Photoshop的界面如图1-12所示。

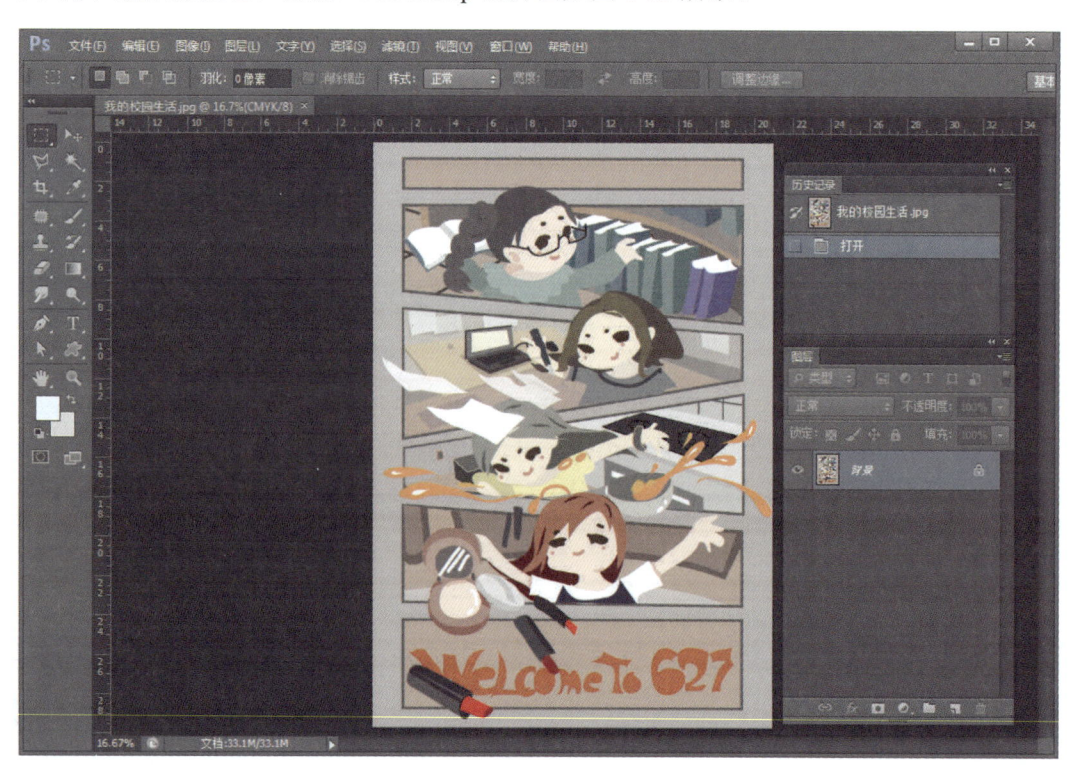

图1-12

Easy Paint Tool SAI 是专门绘制插画的软件，功能比较单一，如果画面比较简洁，则可以选择该软件。Easy Paint Tool SAI 的界面如图 1-13 所示。

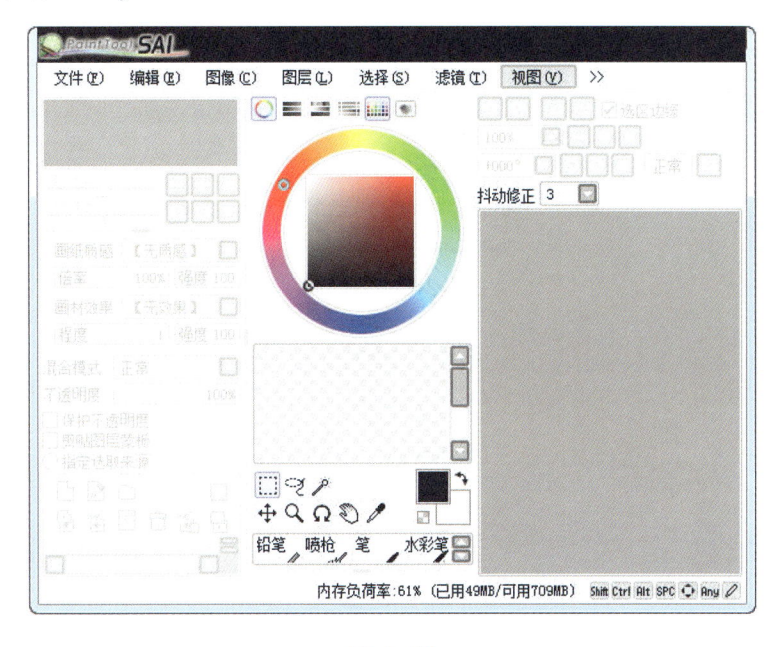

图 1-13

Painter 具有专业化的特点，从各种笔刷就能看得出来。Painter 的界面如图 1-14 所示。

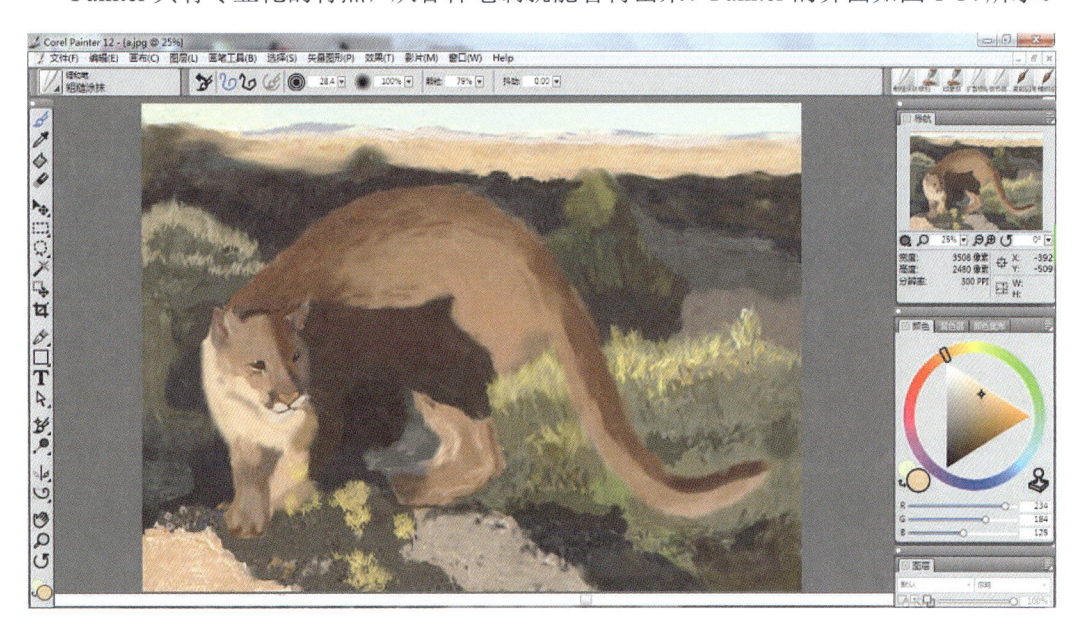

图 1-14

本书选择了较容易上手又具有强大功能的 Illustrator。Illustrator 是一款专业的插画绘制软件，其界面如图 1-15 所示。

Illustrator 被广泛应用于印刷出版、海报书籍排版、专业插画制作、多媒体图像处理和互联网页面的制作等方面，从小型设计到大型的复杂项目都可以使用 Illustrator。Illustrator 2021 的打开界面如图 1-16 所示。

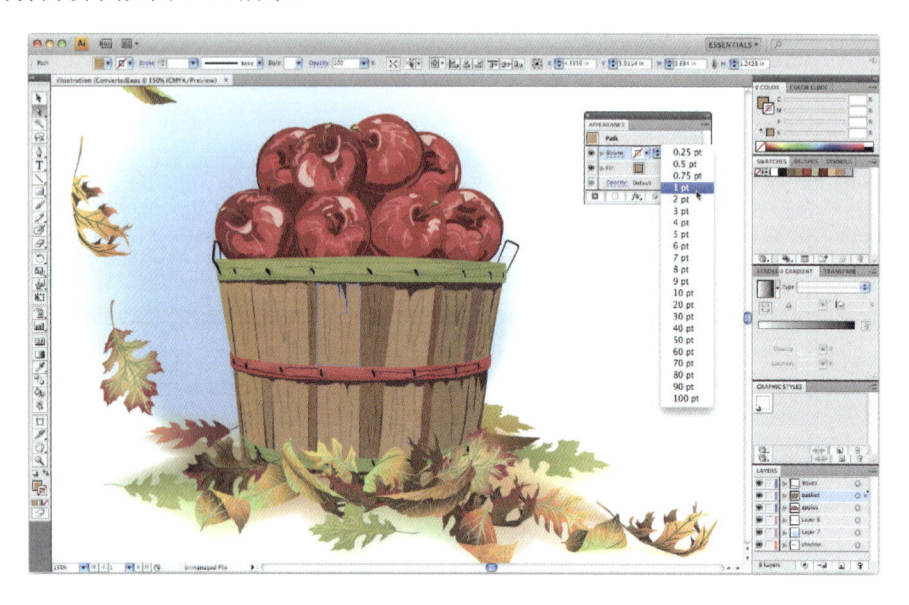

图 1-15

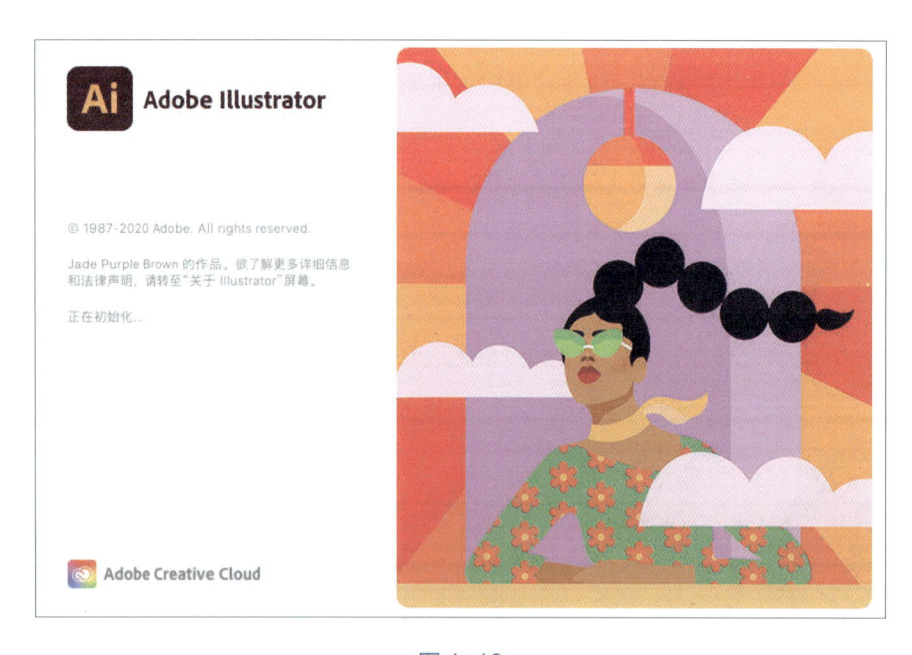

图 1-16

1.5.1 界面介绍

1. Illustrator 工作界面及说明

Illustrator 工作界面的区域划分如图 1-17 所示。

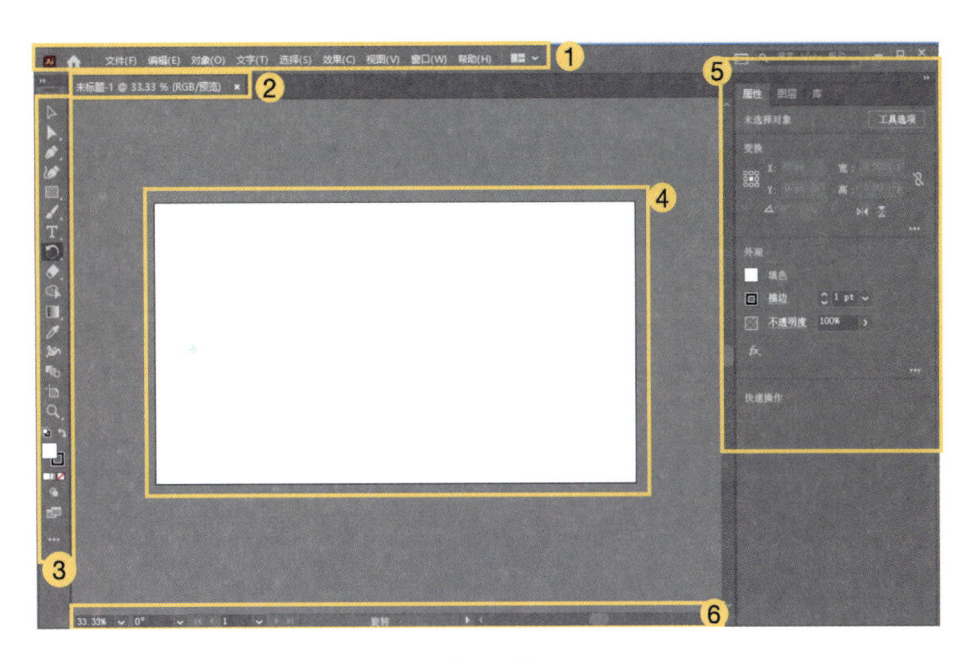

图 1-17

在图 1-17 中，①为菜单栏，②为选项卡式文档窗口，③为工具栏，④为画板，⑤为控制面板，⑥为状态栏。

2. Illustrator 中菜单命令的使用原则

菜单命令后面有一个三角符号，表示此菜单命令包含子菜单命令，只要将鼠标指针移动到此菜单命令上，即可展开其子菜单。操作方法如图 1-18 所示。

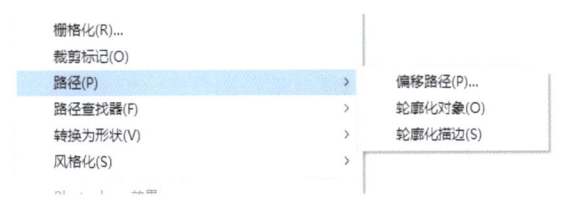

图 1-18

有些常用菜单命令后面显示相应的快捷键，用户可以在不打开主菜单的情况下使用快捷键来直接执行该命令。熟记一些常用的快捷键，能够提高绘制效率。

如果某个菜单命令呈淡灰色，则表示在当前状态下该菜单命令不可用，需要选中相应的对象或进行合适的设置。

1.5.2 主要工具介绍

1. 菜单栏

菜单栏位于整个窗口的顶部，由 9 个主菜单组成，包含操作时需要使用的所有命令，9 个主菜单分别是文件、编辑、对象、文字、选择、效果、视图、窗口、帮助。

2. 选项卡式文档窗口

在默认情况下，Illustrator 会使用选项卡式文档窗口来打开图像。选项卡位于菜单栏下方，显示了当前程序名称、文档名称及色彩模式。用户可以通过单击菜单栏最右侧的排列文档按钮来快速调整图像窗口的显示状态。

3. 工具栏

打开工具栏的方法：选择"窗口"→"工具"命令，即可打开工具栏。Illustrator 将同一类的工具放在一起，在使用时只需单击工具按钮或工具按钮右下角的小黑三角形即可，工具栏是展开式的，单击工具按钮右下角的小黑三角形，即可显示展开式工具栏，选择更多的工具选项。

1）选择工具组

选择工具组主要用于路径图形对象及图像的选择，包括选择工具（V）、直接选择工具/编组选择工具（A）、魔棒（Y）、套锁（Q）。

2）绘图工具组

绘图工具组主要用于绘制、编辑各种路径图形，绘图工具组包括 8 组工具。

（1）钢笔工具（P）、添加锚点工具（+）、删除锚点工具（-）和转换锚点工具（Shift+C）。

（2）文字工具（T）、区域文字工具、路径文字工具、直排文字工具、直排区域文字工具、直排路径文字工具。

（3）直线段工具（\）、弧线工具、螺旋线工具、矩形网格工具和极坐标网格工具。

（4）矩形工具（M）、圆角矩形工具、椭圆工具（L）、多边形工具、星形工具和光晕工具。

（5）画笔工具（B）、斑点画笔工具（Shift+B）。

（6）铅笔工具（N）、平滑工具、路径橡皮擦工具。

（7）橡皮擦工具（Shift+E）。

3）变形工具组

变形工具组主要包括对对象进行旋转、反射、比例、扭曲等变换及各种变形操作的工具，主要包括旋转工具（R）、比例缩放工具（S）、宽度工具（Shift+W）、自由变换工具（E）、形状生成器工具（Shift+M）、透视网格工具（Shift+P）、镜像工具（O）、倾斜工具、整形工具、变形工具（Shift+R）、旋转扭曲工具、缩拢工具、膨胀工具、扇贝工具、晶格化工具、皱褶工具、实时上色工具（K）、实时上色选择工具（Shift+L）、透视选区工具（Shift+V）。

4）上色工具组

上色工具组中的工具主要用来对图形对象进行填充，以及获取对象的颜色、位置、角度等信息。上色工具组包括网格工具（U）、渐变工具（G）、吸管工具（I）、混合工具（W）。

5）符号和图表工具组

使用符号工具可以创建和修改符号实例集。符号工具组包括符号喷枪工具（Shift+S）

、符号移位器工具、符号缩紧器工具、符号缩放器工具、符号旋转器工具、符号着色器工具、符号滤色器工具、符号样式器工具。

使用图表工具可以创建不同类型的图表。图表工具组包括柱形图工具（J）、堆积柱形图工具、条形图工具、堆积条形图工具、折纸图工具、面积图工具、散点图工具、饼图工具、雷达图工具。

6）切片与剪切工具组

切片与剪切工具组中的工具主要用于切割图形、修建路径、调整视图显示等，包括画板工具（Shift+O）、切片工具（Shift+K）、切片选择工具、抓手工具（H）、打印拼贴工具、缩放工具（Z）、剪刀工具、美工刀工具。

7）填充工具组

填充工具组中的工具主要用于显示和设置当前填充、笔触的颜色，如图1-19所示。

8）视图模式

Illustrator提供了3种视图显示方式。为了工作方便，用户可以按键盘上的F键进行切换，如图1-20所示。

图1-19

图1-20

4．画板

在进行插画创作时，画板就像一张白纸。用户可以在创建新文件时调整画板的预设参数，也可以直接使用画板工具创建画板。

5．控制面板

控制面板位于菜单栏下方，整个界面的右侧。控制面板中会显示工具栏中各工具的属性及参数。

6．状态栏

状态栏位于画板下方，有显示画板大小、画板导航等功能。

1.5.3 常用快捷键介绍

工具栏中的常用工具及对应的快捷键如表1-1所示。

表1-1 工具栏中的常用工具及对应的快捷键

工具	快捷键	工具	快捷键
选择工具	V	添加锚点工具	+
直接选择工具	A	删除锚点工具	-
钢笔工具	P	椭圆工具	L
画笔工具	B	自由变换工具	E

续表

工具	快捷键	工具	快捷键
柱形图工具	J	网格工具	U
吸管工具	I	屏幕切换	F
矩形工具	M	抓手工具	H
铅笔工具	N	默认填充色和描边色	D
旋转工具	R	切换填充和描边	X
比例缩放工具	S	镜像工具	O
剪刀、裁刀工具	C	混合工具	W
实时上色工具（油漆桶工具）	K	渐变工具	G

文件操作的常用工具名称及对应的快捷键如表 1-2 所示。

表 1-2　文件操作的常用工具名称及对应的快捷键

文件操作	快捷键	文件操作	快捷键	文件操作	快捷键	文件操作	快捷键
新建文件	Ctrl+N	保存文件	Ctrl+S	关闭文件	Ctrl+W	打印文件	Ctrl+P
打开文件	Ctrl+O	另存为	Ctrl+Alt+S	恢复到上一步	Ctrl+Z	退出 Illustrator	Ctrl+Q

编辑操作的常用工具名称及对应的快捷键如表 1-3 所示。

表 1-3　编辑操作的常用工具名称及对应的快捷键

编辑操作	快捷键	编辑操作	快捷键
粘贴	Ctrl+V 或 F4	置到顶层	Shift+Ctrl+]
粘贴到前面	Ctrl+F	置到底层	Shift+Ctrl+[
粘贴到后面	Ctrl+B	锁定	Ctrl+2
再次转换	Ctrl+D	联合路径	Ctrl+8
取消联合	Shift+Ctrl+Alt+8	隐藏物体	Ctrl+3
调和物体	Ctrl+Alt+B	对齐	Shift+F7
编辑操作	快捷键	编辑操作	快捷键
取消群组	Ctrl+Shift+G	锁定未选择的物体	Ctrl+Alt+Shift+2
全部解锁	Ctrl+Alt+2	再次应用最后一次使用的滤镜	Ctrl+E
连接断开的路径	Ctrl+J	隐藏未被选择的物体	Ctrl+Alt+Shift+3
取消调和	Ctrl+Alt+Shift+B	应用最后使用的滤镜并保留原参数	Ctrl+Alt+E
新建图像遮罩	Ctrl+7	显示所有已隐藏的物体	Ctrl+Alt+3
取消图像遮罩	Ctrl+Alt+7		

1.5.4　Illustrator基本操作

文件基本操作如下。

1. 新建文件

选择菜单栏中的"文件"→"新建"命令，或者按 Ctrl+N 组合键，打开"新建文档"对话框，如图 1-21 所示。在"新建文档"对话框中设置文件名称、画板数量、颜色模式等属性，单击"创建"按钮即可创建一个 Illustrator 文件。

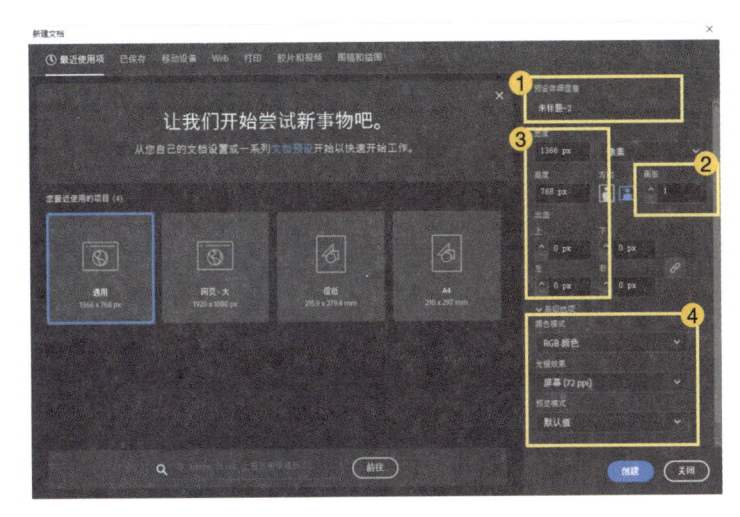

① 设置文件名称。
② 设置文件中包含的画板数量。
③ 设置文件的打印纸张的宽度、高度、方向等。
④ 设置文件的颜色模式和分辨率。如果作品要用于印刷，则可以选择 CMYK 颜色模式，否则可以选择 RGB 颜色模式。

图 1-21

2. 打开文件

要打开 Illustrator 支持的文件进行编辑，可以选择菜单栏中的"文件"→"打开"命令，或者按 Ctrl+O 组合键，打开"打开"对话框，如图 1-22 所示。在"打开"对话框中选择要打开的文件，单击"打开"按钮即可打开选定的文件。

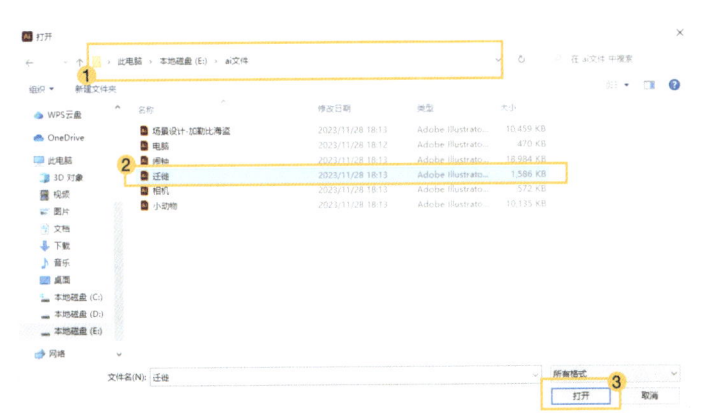

① 选择存放文件的文件夹。
② 选择要打开的文件。如果想要同时打开多个文件，则可以按住 Ctrl 键依次进行选择。
③ 单击"打开"按钮。

图 1-22

3. 保存文件

要保存文件，可以选择菜单栏中的"文件"→"存储"命令，或者按 Ctrl+S 组合键。如果该文件是新建的且未保存过，则将打开"存储为"对话框，如图 1-23 所示。用户可以在"存储为"对话框中设置文件名、保存类型,以及文件保存的位置等,最后单击"保存"按钮即可。

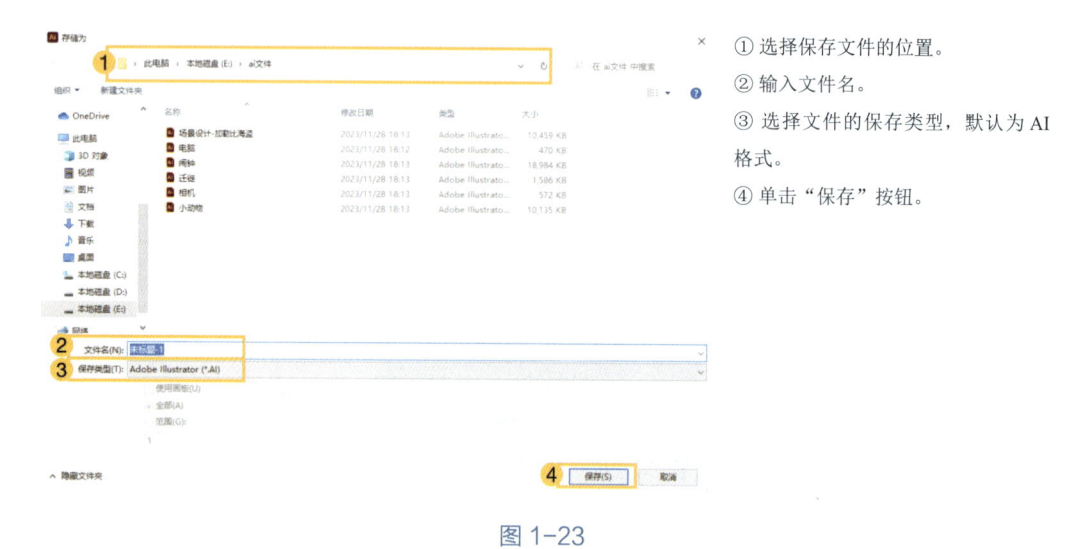

① 选择保存文件的位置。
② 输入文件名。
③ 选择文件的保存类型,默认为 AI 格式。
④ 单击"保存"按钮。

图 1-23

课后练习

(1) 选择一个你喜欢的插画流派,收集其资料和代表作品,并进行阐述。
(2) 操作 Illustrator,掌握基本工具的使用方法。

第 2 章　人物插画

【教学目标】

本章的教学目标是使读者掌握人物插画的基本创作要素和原理，熟练运用 Illustrator 的钢笔描边功能、渐变功能等进行插画的绘制，独立进行人物插画创作。

【教学重点和难点】

本章的教学重点和难点是人物插画的设计和人物动态结构的理解，以及 Illustrator 相应工具的使用。

【实训课题】

围绕以下主题创作插画。

（1）以"我的家人"为主题，创作一组插画，要求：包含 3～5 个人物形象，可以表现三代人的特点，具有完整的人物造型及组合造型，突出人物的个性特征。

（2）以各类人物职业为创作源，创作一组插画，要求：包含 4 个人物形象，突出人物的职业特征。

（3）以影视文学中的形象为创作源，创作一组插画，要求：包含 4 个人物形象，突出人物特征。

（4）对动物或物品进行拟人化处理，创作一组插画，要求：包含 4 个人物形象，突出特征。

2.1 人物插画创作要素

以人物为题材的插画，通过人物的动态、神态表达人物的个性特征，可以使用夸张、变形、隐喻等表现手法，吸引读者的视线。

2.1.1 人物比例及动态

人物的比例关系通常以人物的头部高度为标准，人物角色头部的高度与身体的比例就是头身比例。在古希腊雕像中，人物的头身比通常为8，这也被认为是最美的头身比。但除欧洲部分地区外，亚洲大部分成年人的身高为7～7.5头。在绘制插画的过程中，儿童的身高一般为3～4头，青少年的身高一般为5～6头，成年人的身高一般为7～7.5头。除此之外，成年女性肩宽一般为1.5头，成年男性肩宽一般为2头；男性臀部宽度小于胸腔宽度，女性则刚好相反。在绘画过程中需要不断提醒自己这一点，培养比例结构意识，养成好习惯，久而久之就可以随手画出基本的比例关系了。女性人物造型的比例关系如图2-1所示。

五官是人物的主要特征。在学习人物插画时，把握好人物五官的比例非常重要，特别是眼睛。眼睛是心灵的窗口，很能体现人物的性格特点，眼睛主要由眼睑（上眼睑、下眼睑）、眼睫毛（上睫毛、下睫毛）、眼角（外眼角、内眼角）、瞳孔、角膜、巩膜、虹膜这几部分组成，如图2-2所示。

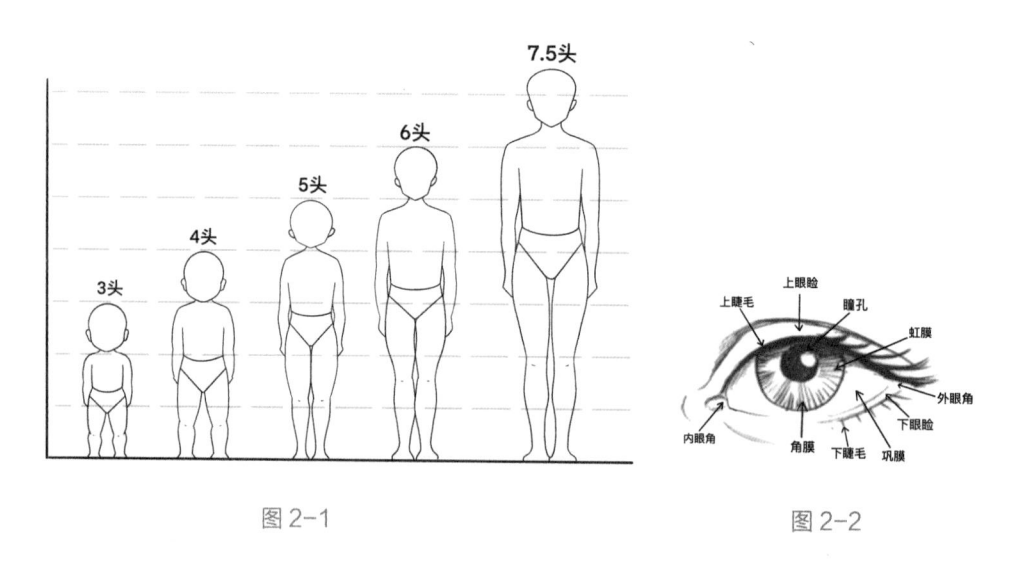

图 2-1

图 2-2

眼睛又可以分为方形眼、圆形眼（虎眼、杏眼）、丹凤眼、三角眼等。不同的人物、不同的年龄段具有不同风格的眼睛。例如，饱经风霜的老年人的眼睛，大多投射出老人特有的坚毅、稳重、智慧；风华正茂的年轻人的眼睛，需要表现出年轻人的朝气、坦诚、潇洒、文静、豪爽、热烈等。各角度的眼睛形态如图2-3所示。

在脸部的整体刻画上，需要遵从"三庭五眼"的原则，面部三庭五眼比例关系如图2-4所示。

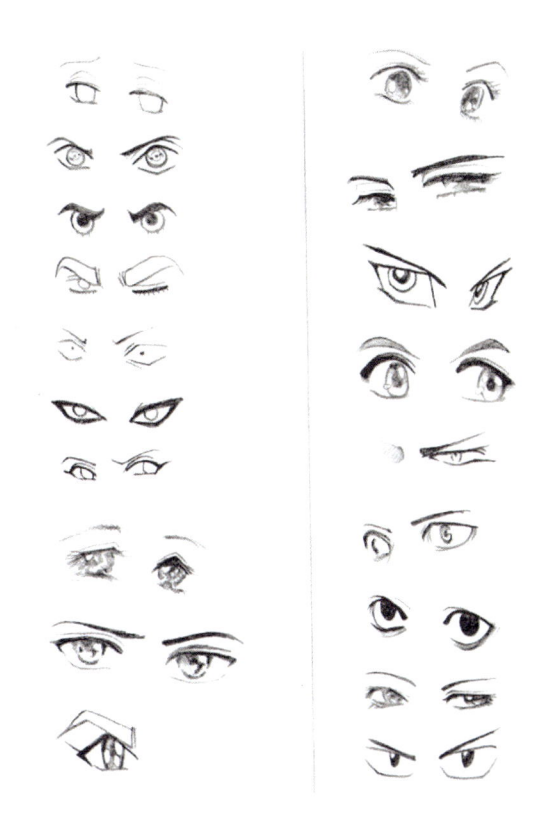

图 2-3

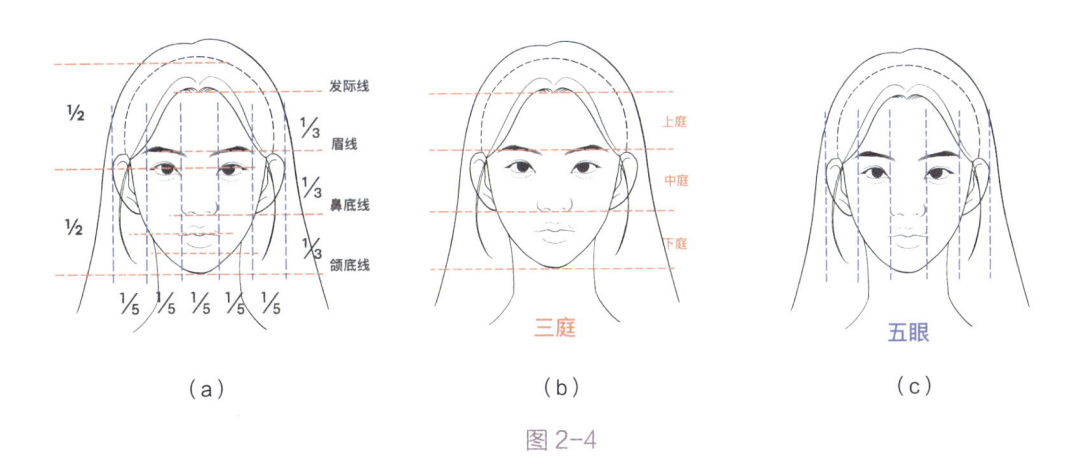

(a)　　　　　　　　　(b)　　　　　　　　　(c)

图 2-4

人物的动态是指人的四肢、头部、臀部的运动变化，在人物插画的创作中通常采用夸张的表现手法突出人物的个性特征，表达主题思想。图2-5（a）为海贼王动态插画，图2-5（b）为人物动态插画。

人物动态可以反映人物的生理和心理特征及精气神，绘制人物插画需要了解人体的运动规律，掌握动作特点。在角度的选择上，需要选择更能表现主题、人物性格的角度，抓住人体动态线，表现动态特征。人物动态分为局部运动和全身运动。局部运动是指身体的一部分有规律地活动,另一部分不动或少动,如写字、看书,这类动态和缓、平稳,比较容易掌握其原理。全身运动(如骑车、走路、跳舞等)的动作幅度比较大,会有一些不规律的动作产生,重复的动作较少,这类动态的规律需要通过多观察、多练习来掌握。

(a)　　　　　　　　　　　　　(b)

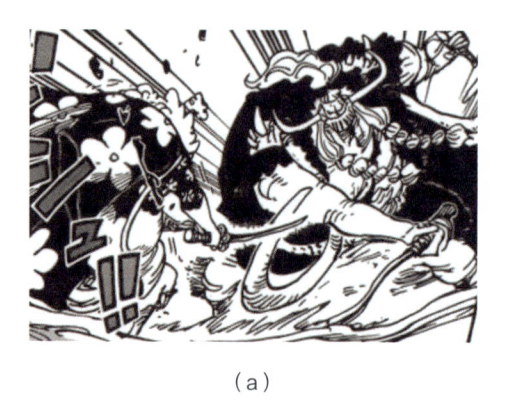

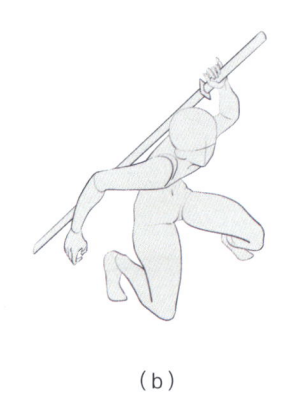

图 2-5

创作人物动态插画需要了解人物的运动规律,掌握动作的特点及表现手法。对于熟悉的动态,选择生动且有代表性的动作,简化对象,抓住动态线,适当使用夸张的手法,使人物形象更加生动,不需要面面俱到,纠结于细节,应该进行概括、突出重点,从整体上把握全局,领悟神态。例如,图2-6(a)袁碧刚的《罗汉造像》和图2-6(b)陈玉先的动态速写,都抓住了人物的动态特征,以流畅的线条将人物动态刻画得淋漓尽致。

(a)　　　　　　　　　　　　　(b)

图 2-6

对于人物动态插画,在了解和熟悉对象运动规律的基础上,捕捉具有特征、生动的瞬间是关键,以简练、灵动的笔法绘制基本动势外形,如图2-7所示。在创作方法上,为了突出人物个性，常常以夸张的手法加强动势，做到既有全局又有细节，有重点、强化特征。有时候不需要太过拘泥于细节，可以大胆地用概括的手法、简洁的线条对形体进行提炼。需要注意人物的年龄、身份、性格、表情，这样才能描绘出人物的个性特征。

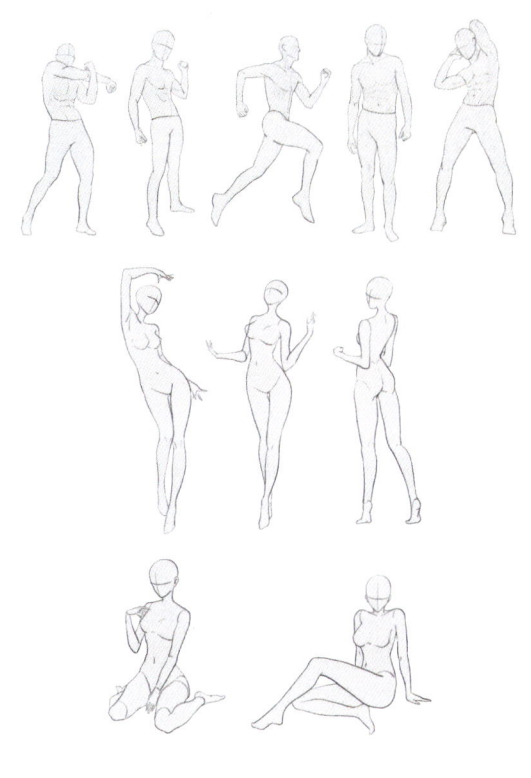

图 2-7

2.1.2 面部表情

面部表情可以传神，眼睛、眉毛、嘴角可以表达人物的喜怒哀乐。面部表情由五官共同完成，可以适度运用夸张和违反规律的手法来塑造人物的面部特征。插画既是对现实生活的写照，也是超越现实的。我们可以看到有些插画师的作品的人物五官形象异常的夸张，这是为了表达主题。一些人物面部表情的例子如图 2-8 所示，通过眼睛、眉毛、嘴角的变化表达不同的情感，体现人物的个性特征。

（a）

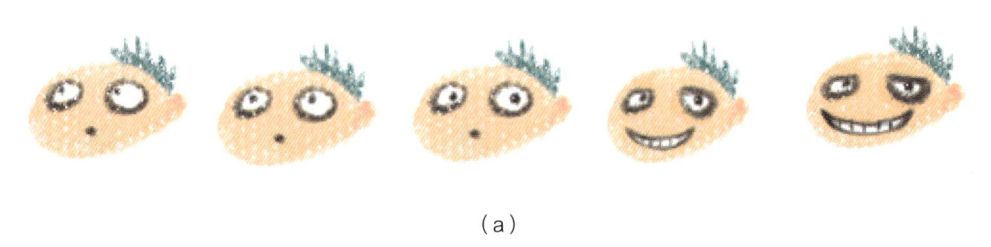

图 2-8

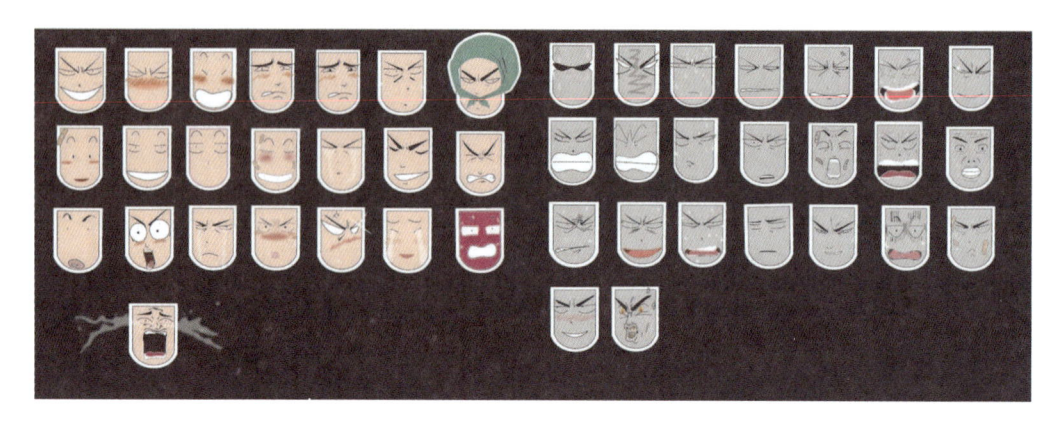

（b）

图 2-8（续）

2.1.3　外部形象

外部形象表现的是人物形象的形式美感，包括服饰、配件等。服饰是人物形象不可缺少的组成部分，能带来丰富多彩的形象，体现人物的职业和个性。配件是对人物形象的补充，如医生配备听诊器、学生背书包等。外部形象还包括人物的强弱、胖瘦，以及身份地位的象征。如图 2-9 所示，在基本形象的基础上，人物的服饰、发型、衣着发生变化后，人物形象也发生了较大的变化，表现出不同的职业和个性。

图 2-9

2.1.4　带场景的人物

单个人物或人物组合，如果有与之相关的场景映衬，则更能凸显主题，强化人物的个性特征。但需要注意人物与场景的主次关系，背景不宜太过烦琐以至于抢了主体的风头，背景从形态、色调等方面都需要与主体相关联，主次整体性要强。如图 2-10 所示，《白雪公主》中白雪公主在室内打扫卫生的场景，人物、动物与场景生动组合，讲述了故事情节。

图 2-10

2.2 创作实践

2.2.1 扁平化人物创作——扑克牌人

案例训练要点。

（1）了解插画创作的流程；
（2）学习扁平化人物的创作；
（3）人物背景的绘制；
（4）掌握 Illustrator 中钢笔、填色、弯曲、变形效果、转换锚点、路径查找器等工具的使用方法。

视频学习

1. 创作意图

将扑克牌中的大佬形象 Q 版化会是什么样子呢？在这个案例中，我们将绘制一幅扁平化人物与简单场景组合的插画，如图 2-11 所示。

图 2-11

2. 制作步骤

该插画是由人物和场景共同组成的，所以我们先从人物部分开始进行绘制。

第一步：绘制头部。

人物部分分为头部、配饰及服装、四肢 3 部分，人物头部的绘制内容包括脸型、五官、发型等。下面先从人物的脸型开始进行绘制。

使用工具栏中的椭圆工具，并将工具栏中前景色的 CMYK 色彩值设置为（C：16%、M：36%、Y：46%、K：0%），随后在画板中绘制如图 2-12（a）所示的椭圆，这就确定了扑克牌人的脸型大小。接着，对这个椭圆进行不规则的形状处理，使其更像一个头部。选择菜单栏中的"效果"→"变形"→"膨胀"命令，在弹出的"变形选项"对话框中设置"弯曲""垂直"参数，如图 2-12（b）所示，单击"确定"按钮。生成的图像如图 2-12（c）所示。

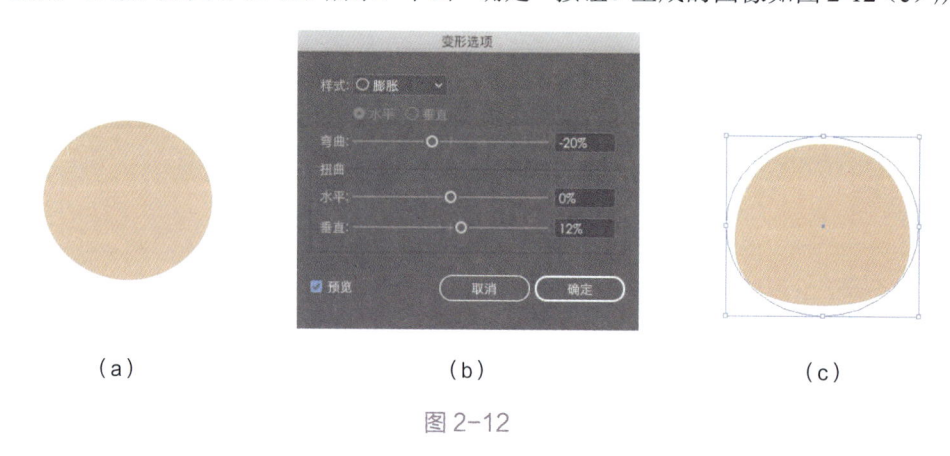

(a)　　　　　　　　(b)　　　　　　　　(c)

图 2-12

下面给扑克牌人绘制五官并丰富面部。

首先绘制耳朵。同样使用工具栏中的椭圆工具绘制两个大小一致的圆，并将这两个圆的 CMYK 色彩值设置为（C：21%、M：45%、Y：55%、K：0%）。随后将两个圆的位置关系调整为相交摆放，如图 2-13（a）所示。这时按住 Shift 键，同时分别单击这两个圆，先将它们选中，再右击，在弹出的快捷菜单中选择"编组"命令。接着在菜单栏中选择"效果"→"路径查找器"→"相减"命令，操作完成后可以得到如图 2-13（b）所示的月牙形，耳朵内的结构就绘制完成了。最后再创建一个圆，填充与头部相同的颜色作为耳朵的外轮廓，并将刚刚绘制的月牙形放置在该圆上，如图 2-13（c）所示，这样扑克牌人的耳朵就绘制完成了。

(a)　　　　　　　　(b)　　　　　　　　(c)

图 2-13

> **操作技巧**
>
> 在使用椭圆工具时，按住 Shift 键的同时拖动鼠标指针，可以绘制正圆。

下面，将绘制完成的耳朵放在头部的左侧，如图 2-14（a）所示。选中左侧的耳朵，使用工具栏中的镜像工具，在按住 Alt 键的同时单击画板空白处，在弹出的"镜像"对话框中进行设置，选中"垂直"单选按钮，如图 2-14（b）所示，单击"复制"按钮，右边的耳朵就绘制完成了，再将其放在头部右侧，得到的图像如图 2-14（c）所示。

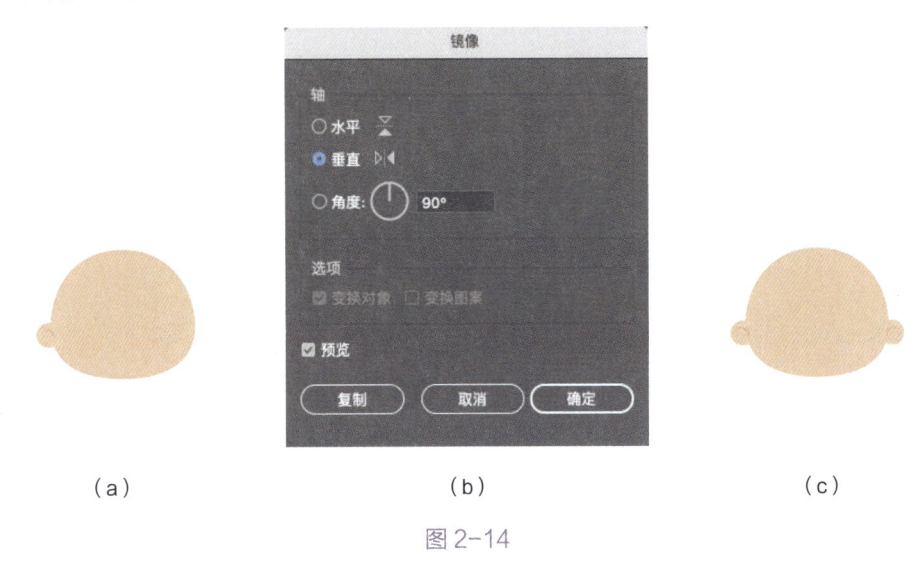

（a） （b） （c）

图 2-14

> **认识镜像工具**
>
> （1）镜像工具的使用方法：在工具栏中双击镜像工具按钮，或者在单击镜像工具按钮后，按住 Alt 键在文档中单击，打开"镜像"对话框，如图 2-14（b）所示。在该对话框中可以设置镜像的相关参数。其中，"轴"选项组包括"水平"、"垂直"和"角度"3 个选项。
> - "水平"选项：表示图形以水平轴线为基础进行镜像复制，即图形进行上下对称翻转。
> - "垂直"选项：表示图形以垂直轴线为基础进行镜像复制，即图形进行左右对称翻转。
> - "角度"选项：可以在右侧的文本框中输入一个角度值，取值范围为 -360°～360°，指定镜像参考轴与水平线的夹角，以参考轴为基础进行对称翻转。
>
> （2）使用镜像工具进行图形反射共有两种类型：一种是以图形本身的中心点为轴进行镜像反射；另一种是创作者根据需要另行设置中心点进行镜像反射。设置方法为，首先选中图形，然后使用工具栏中的镜像工具，将鼠标指标移动到合适的位置并单击，即可确定镜像的轴点。

Illustrator 插画设计

> **操作技巧**
>
> 在拖动镜像图形时，按住 Alt 键可以镜像复制图形，按住 Alt+Shift 组合键可以以 90°为倍数镜像复制图形。

接下来绘制脸部的绯红。先在靠近左侧耳朵的面部使用工具栏中的椭圆工具绘制一个较长的椭圆，并将它的填充颜色的 CMYK 色彩值设置为（C：20%、M：45%、Y：53%、K：0%），将其向右侧进行轻微旋转，得到左侧脸颊的绯红，如图 2-15（a）所示。再使用工具栏中的镜像工具，使用与绘制耳朵相同的方法，绘制右侧脸颊的绯红，如图 2-15（b）所示。

（a） （b）

图 2-15

> **操作技巧**
>
> 使用工具栏中的选择工具选中需要旋转的图形，将鼠标指针置于任意锚点的外侧，当鼠标指针变为↻状态时，在按住鼠标左键（不释放）的同时拖动鼠标指针，所选图形将随之进行旋转，当旋转到合适的角度时，释放鼠标左键即可完成旋转。

接着进行脖子的绘制。使用工具栏中的矩形工具绘制一个矩形，填充颜色与头部相同，并将其放到如图 2-16（a）所示的位置。随后，选中这个矩形，在菜单栏中选择"效果"→"变形"→"下弧形"命令，在弹出的"变形选项"对话框中选中"水平"单选按钮，将"弯曲"设置为 50%，如图 2-16（b）所示，单击"确定"按钮，生成的图像如图 2-16（c）所示。

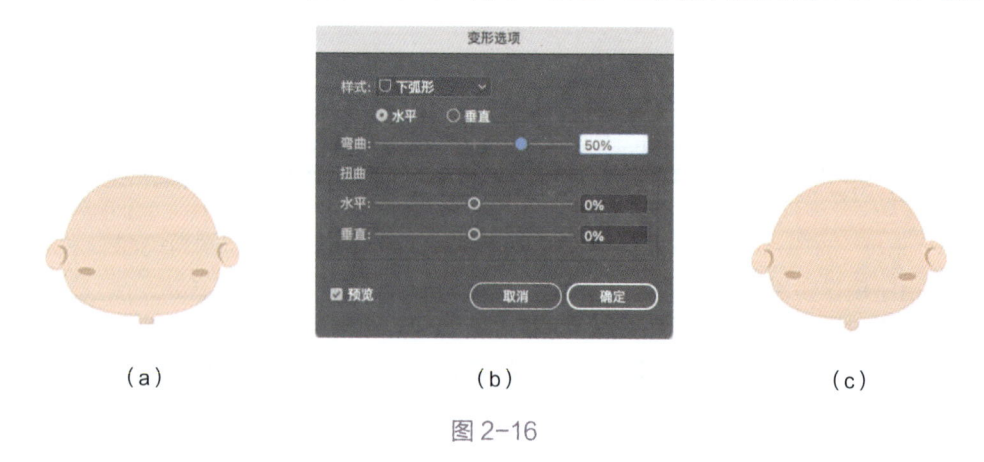

（a） （b） （c）

图 2-16

继续绘制眉毛和眼睛。使用工具栏中的钢笔工具，绘制左侧的眉毛和眼睛的形状。再使用工具栏中的镜像工具镜像复制出右侧的眼睛和眉毛，并摆放到如图2-17所示位置。

图 2-17

钢笔工具的使用方法

钢笔工具 和铅笔工具 是绘制路径的常用工具。使用铅笔工具绘制的路径具有一定的随意性，绘制方法相对自由。相反，使用钢笔工具绘制的图形比较精准，使用它可以绘制直线、曲线等任意形状的图形。

使用钢笔工具的方法很简单。在工具栏中选择钢笔工具后，在画板上单击，即可生成锚点，而此时生成的是边角形锚点，可以绘制直线和角。如果按住鼠标左键不释放，并进行拖动，则能生成平滑型锚点，绘制较为平滑的曲线。在这个过程中，两个锚点之间的曲率即曲线的弧度大小，会随拖动的长短和方向有所变化。除此之外，在单击时按住 Shift 键可以绘制水平或垂直的直线。

结束路径绘制的方法：完成绘制后，再次单击工具栏中的钢笔工具按钮，或者按住 Ctrl 键，可以结束开放式路径的绘制。将鼠标指针放置在路径的起始位置，当鼠标指针显示为 时，单击即可将路径闭合并结束绘制。

另外，使用钢笔工具还可以连接开放式路径。首先单击工具栏中的钢笔工具按钮，然后单击需要连接的两个锚点中的一个，将鼠标指针放置在另一个锚点上，当鼠标指针显示为 时，单击即可将开放路径连接成闭合路径。

操作技巧

在使用工具栏中的钢笔工具进行绘制的过程中，使用钢笔工具单击后不释放，同时按住空格键并拖动鼠标指针即可移动当前绘制的锚点。按住 Alt 键可以将两个控制柄分离成为独立的控制柄，进而对控制柄进行单柄控制。

然后绘制嘴巴。首先使用工具栏中的椭圆工具绘制一个白色椭圆。然后使用工具栏中的锚点工具，单击椭圆的左右两个锚点，如图2-18（a）所示。此椭圆左右两侧将变得尖锐，使用直接选择工具分别选中上部和底部的锚点，如图2-18（b）所示，并通过点按键盘上的↓键，向下移动这两个锚点，形成如图2-18（c）所示的图形。接着使用工具栏中的直接选择工具选择最右侧的锚点，将其向右上方移动，并将图形的锚点手柄调整到合适的位置。

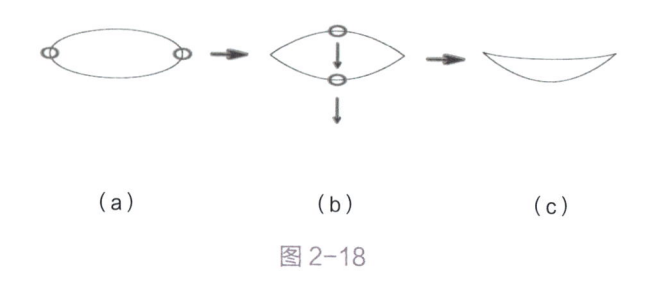

(a)　　　　(b)　　　　(c)

图 2-18

> **认识锚点**
>
> 锚点又被称为节点，是决定路径外观形状的关键。在选中路径时，使用工具栏中的直接选择工具，将显示该路径上的所有锚点，此时可以通过单击选中其中某一个锚点，并通过拖动锚点改变路径的形状。
>
> 根据锚点属性的不同，可以将锚点分为平滑点和角点。平滑点如图 2-18（a）左右两侧的锚点，角点如图 2-18（b）上部和下部的锚点。

> **认识直接选择工具**
>
> 工具栏中的直接选择工具 主要用来修改锚点。与选择工具 相比，它不仅可以选中整条路径并进行移动，还可以选择路径中的某一个锚点进行调整。
>
> 在想要使用直接选择工具时，我们可以在工具栏中单击它的按钮，也可以点按键盘上的 A 键，将鼠标功能快速转换为直接选择工具。
>
> 直接选择工具的功能和具体操作介绍如下。
>
> （1）单击对象可以选中锚点或群组中的对象。
>
> （2）在选中对象时，将激活该对象中的锚点，按住 Shift 键可以选中多个锚点或对象。在选中锚点后，可以改变锚点的位置或类型。
>
> （3）在选中锚点后，拖动鼠标指针或按 ↓ 键可以移动单个或多个锚点。
>
> （4）在选中锚点后，按 Delete 键可以删除锚点。

最后将嘴巴的 CMYK 色彩值设置为（C：36%、M：65%、Y：84%、K：0%），并在"属性"面板的"外观"选项组中将描边颜色设置为"无"，如图 2-19（a）所示，嘴巴就绘制完成了，效果如图 2-19（b）所示。

> **认识"属性"面板**
>
> "属性"面板如图 2-19（a）所示，在默认状态下位于界面右侧，如果操作失误将其关闭，

则可以在菜单栏选择"窗口"→"属性"命令。"属性"面板能够实时显示当前选中图形的状态，并且能够在此对选中图形的参数进行修改。"属性"面板下包括"变换""外观""对齐"3个选项组，根据选中对象类型的不同，会显示其他可修改的属性。

（1）"变换"选项组：可以改变所选对象在 X 轴与 Y 轴的位置，修改其本身的宽度、高度、旋转角度，以及将其进行水平对称反转、垂直对称反转。

（2）"外观"选项组：可以修改所选对象的填充颜色、描边的颜色和粗细、不透明度，除此之外还有"效果"菜单按钮。

（3）"对齐"选项组：包含"对齐画板"按钮、"左水平对齐"按钮、"水平居中对齐"按钮、"右水平对齐"按钮、"垂直顶对齐"按钮、"垂直居中对齐"按钮、"垂直底端对齐"按钮。

（a） （b）

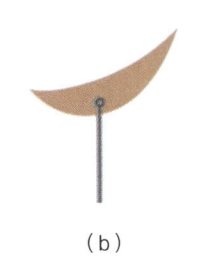

图 2-19

下面开始绘制胡子。同样，先使用工具栏中的钢笔工具完成左侧胡子的绘制，并填充为黑色。再使用工具栏中的镜像工具进行镜像复制，完成右侧胡子的绘制，并将两侧的胡子摆放到合适的位置，效果如图 2-20 所示。

最后绘制头发。在头部的基础上绘制头发，这样相对来说比较容易。具体做法是先使用工具栏中的椭圆工具绘制一个比脸型稍大一些的椭圆，并在选中该椭圆的状态下右击，在弹出的快捷菜单中选择"排列"→"置于底层"命令，完成图层的变换，即将该图层置于所有图层的最下方。再使用工具栏中的椭圆工具绘制一个相对较小的椭圆，在其处于选中状态时右击，在弹出的快捷菜单中选择"排列"→"置于顶层"命令，将该图层置于所有图层

图 2-20

的最上方并进行旋转，位置摆放如图 2-21（a）所示，此时头发的大概形状就绘制完成了。之后通过绘制更小的椭圆来丰富头发的造型，这个步骤可以通过复制、粘贴来加速绘制，完成后的效果如图 2-21（b）所示。到这里，头部的绘制就完成了。

（a） （b）

图 2-21

操作技巧

使用工具栏中的选择工具选中某一图形，先使用 Ctrl+C 组合键完成图形的复制，再使用 Ctrl+V 组合键即可完成图形的粘贴。或者在按住 Alt 键的同时，使用工具栏中的选择工具拖动图形，也可完成图形的复制和粘贴。

第二步：绘制配饰和服装。

配饰和服装主要由帽子、烟斗、上衣、背带裤、领结和拐杖 6 部分组成，我们由上至下依次进行绘制。

首先绘制帽子。使用工具栏中的椭圆工具绘制一个扁平的椭圆，如图 2-22（a）所示。使用工具栏中的矩形工具绘制一个矩形，这个矩形的宽度与椭圆一致，并调整矩形的位置，使其上部边线与椭圆中间对齐，如图 2-22（b）所示。使用工具栏中的直接选择工具选中这个矩形左下角的锚点，按 Enter 键打开"移动"对话框，将"水平"设置为 5px，"垂直"设置为 0px，单击"确定"按钮。对右下角的锚点重复以上操作，将"水平"设置为 -5px，完成后的效果如图 2-22（c）所示。

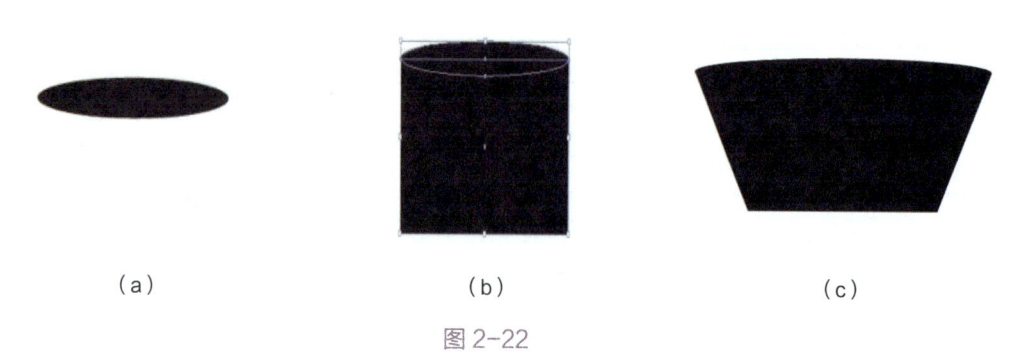

（a） （b） （c）

图 2-22

保持矩形的选中状态，在菜单栏中选择"效果"→"变形"→"凸出"命令，在弹出的"变形选项"对话框中选中"垂直"单选按钮，将"弯曲"设置为 -20%，如图 2-23（a）所示，设置完成后单击"确定"按钮，绘制效果如图 2-23（b）所示。

(a) (b)

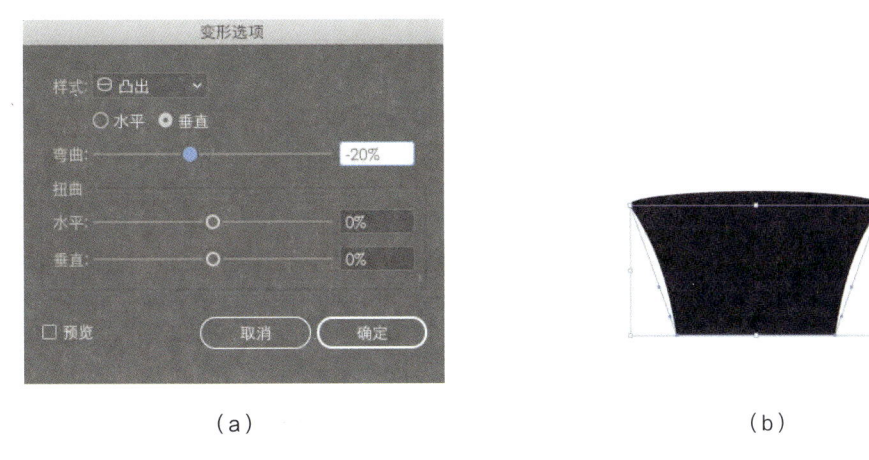

图 2-23

再次使用工具栏中的矩形工具绘制一个矩形，作为帽子的下边缘，如图 2-24（a）所示。保持矩形的选中状态，在菜单栏中选择"效果"→"变形"→"弧形"命令，在弹出的"变形选项"对话框中选中"水平"单选按钮，将"弯曲"设置为 -20%，如图 2-24（b）所示，绘制完成后的效果如图 2-24（c）所示。

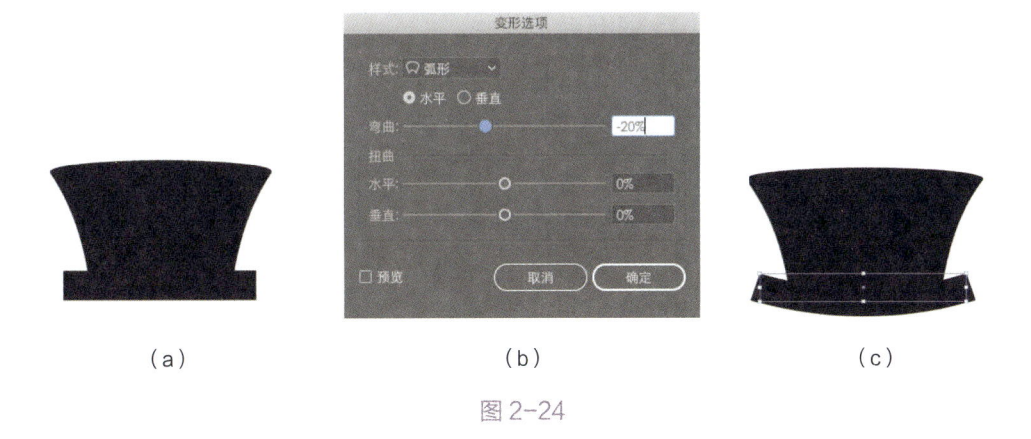

(a) (b) (c)

图 2-24

接下来，我们需要绘制一条白色的色带作为装饰，让帽子更俏皮一些。复制上一步绘制的下边缘形状，将其填充为白色并移动到帽子的下边缘上方。在按住 Shift 键的同时单击帽身和白色色带，将它们同时选中。随后使用工具栏中的形状生成器工具，在按住 Alt 键的同时，单击左右两侧多余的部分以删除它们，完成后的效果如图 2-25 所示。

认识形状生成器工具

形状生成器工具是一个通过合并或擦除简单形状来创建复杂形状的交互式工具，它

Illustrator 插画设计

多用于更改多个具有重叠状态路径的形状。在默认情况下，该工具是合并模式，可以合并路径或区域。选中多个形状后，使用形状生成器工具，将鼠标指针移动到选中的形状部分，鼠标指针经过的区域会自动显示所选形状的边缘和区域，单击某一区域，可以分离重叠的形状以创建不同的对象；将鼠标指针移动到多个区域，可以合并这些区域以形成新的图形；按住 Alt 键并单击某一边缘或区域，可以删除该边缘或区域。

下面继续修饰色带。保持色带处于选中状态，在"属性"面板的"外观"选项组中，将描边颜色设置为黑色，描边粗细设置为5pt。随后在菜单栏中选择"效果"→"变形"→"凸出"命令，在弹出的"变形选项"对话框中选中"垂直"单选按钮，将"弯曲"设置为-20%。选中帽子的下边缘并右击，在弹出的快捷菜单中选择"排列"→"置于顶层"命令，完成图层变换，帽子就绘制完成了，效果如图 2-26 所示。

图 2-25   图 2-26

绘制完帽子后开始绘制烟斗部分。烟斗部分由烟斗和烟雾组成。首先绘制烟斗，我们先使用工具栏中的钢笔工具绘制烟斗的基本外形，并填充为黑色，如图 2-27（a）所示。再使用工具栏中的椭圆工具绘制一个灰色的小椭圆，将其稍微向左旋转后放置在烟斗内作为烟口，烟斗就绘制完成了，效果如图 2-27（b）所示。

（a）   （b）

图 2-27

然后绘制烟雾。使用工具栏中的椭圆工具绘制一个椭圆，在"属性"面板的"外观"选项组中将填充颜色设置为"无"，描边颜色设置为浅灰色，描边粗细设置为5pt，"不透明度"设置为80%，效果如图 2-28（a）所示。保持椭圆处于选中状态，在菜单栏中选择"效果"→"变形"→"弧形"命令，弹出"变形选项"对话框，具体参数设置如图 2-28（b）所示，完成变换后烟雾就制作完成了，效果如图 2-28（c）所示。

认识"变形选项"对话框

在"变形选项"对话框中，单击"样式"下拉按钮，弹出下拉列表。在下拉列表中有很多预制的样式供用户使用,如图2-28(d)所示。选择不同的样式,并根据需要设置"弯曲""扭曲"等数值,可以达到多种变形效果。

(a)

(b)

(c)

(d)

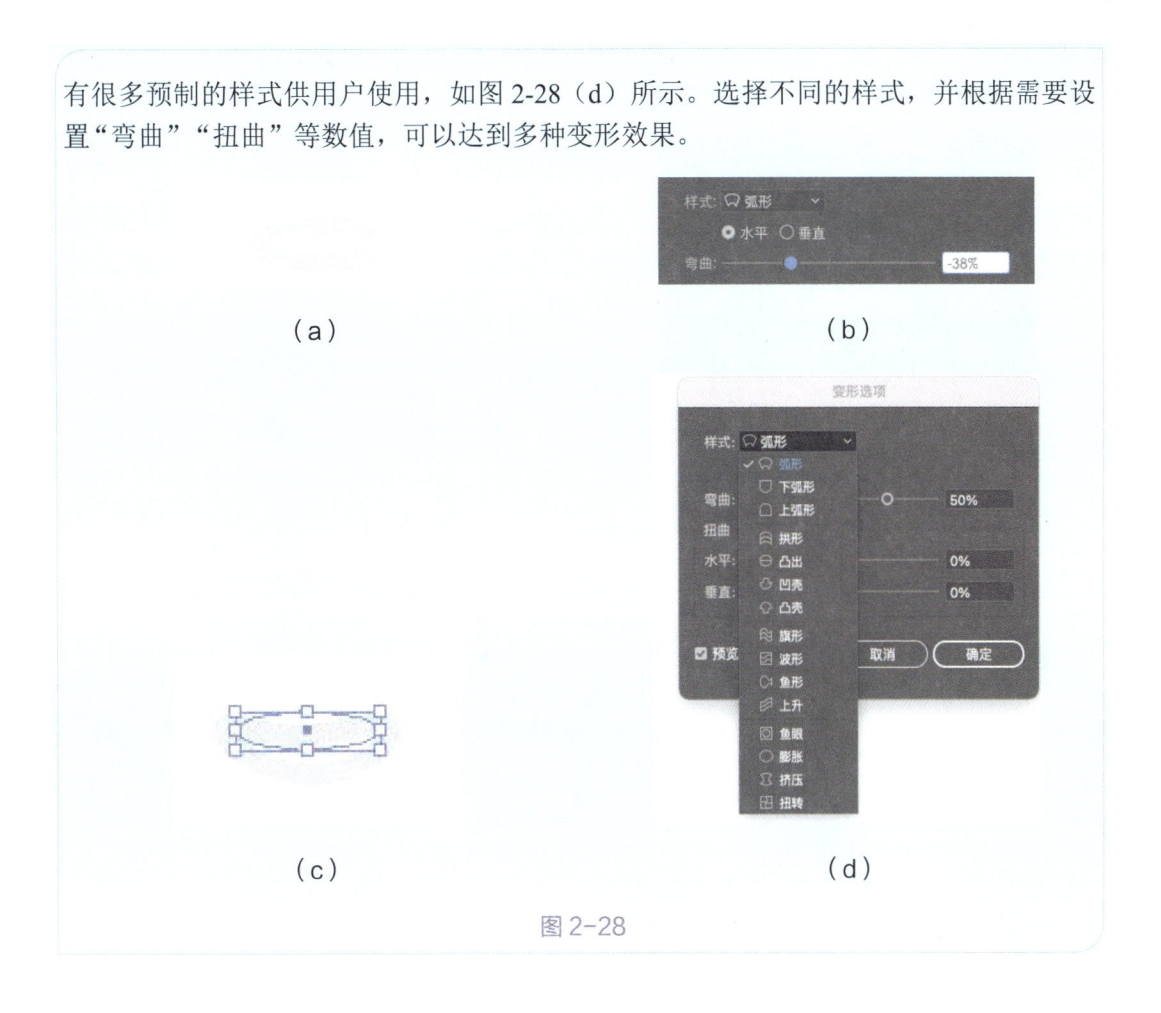

图2-28

将烟斗和烟雾置于合适的位置并进行组合,烟斗部分就绘制完成了,如图2-29所示。接下来将帽子和烟斗部分摆放到第一步绘制完成的头部即可,如图2-30所示。

图2-29

图2-30

下面绘制上衣部分。使用工具栏中的圆角矩形工具,先绘制一个圆角矩形并填充为浅灰色,再绘制一个圆角正方形并填充为更浅的灰色。然后将这两个图形上下重叠放置。接着分别选中这两个图形,在菜单栏中选择"效果"→"风格化"→"内发光"命令,在弹出的"内发光"对话框中设置"模式""不透明度"等参数,具体参数设置如图2-31(a)所示,完成后的效果如图2-31(b)所示。

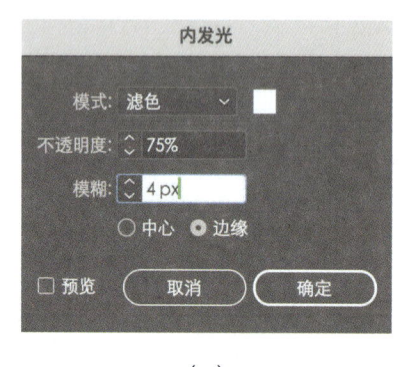

(a)　　　　　　　　　　　　　　　(b)

图 2-31

认识"内发光"效果

应用"内发光"效果可以在所选对象的内边缘添加光晕。选择需要应用效果的对象后,在菜单栏中选择"效果"→"风格化"→"内发光"命令,弹出"内发光"对话框,如图2-31(a)所示。在"内发光"对话框中,可以先将"模式"设置为"混色模式",再指定发光颜色,设置光晕的不透明度和模糊及发光的方式。如果选中"中心"单选按钮,则光晕由中央产生。如果选中"边缘"单选按钮,则光晕由边缘产生。

再次分别选中两个矩形,在菜单栏中选择"效果"→"变形"→"弧形"选项,在弹出的"变形选项"对话框中设置参数,具体参数设置如图2-32(a)所示,效果如图2-32(b)所示。其中,浅色为身体部分,深色为衣袖部分。

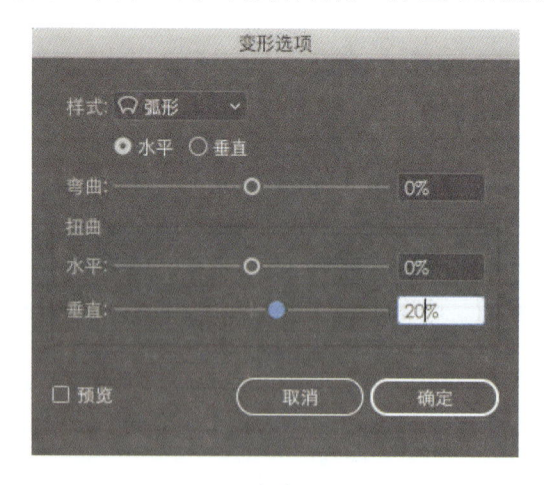

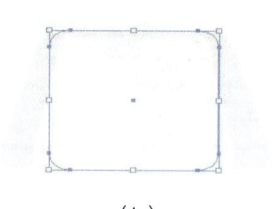

(a)　　　　　　　　　　　　　　　(b)

图 2-32

衣服的基本形状确定后，我们开始绘制裤子。使用工具栏中的圆角矩形工具，绘制一个长度和宽度相近的圆角矩形并填充为深灰色。注意，该圆角矩形的宽度应略长于上一步绘制的身体部分。使用工具栏中的椭圆工具，在圆角矩形的上方和下方分别绘制一个椭圆，如图 2-33 所示。

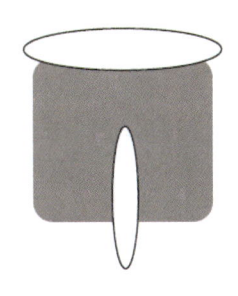

在按住 Shift 键的同时，选中圆角矩形和其中一个椭圆，在菜单栏中选择"窗口"→"路径查找器"命令，打开"路径查找器"面板，单击"形状模式"选项组的第二个按钮即"减去顶层"按钮，如图 2-34（a）所示。完成后，再选中圆角矩形和另一个椭圆，重复上面的操作，完成后的效果如图 2-34（b）所示。

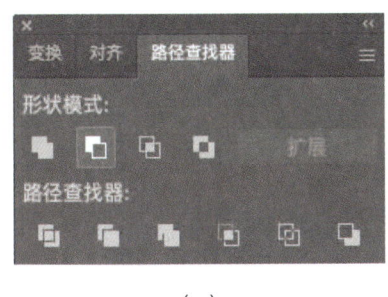

图 2-33

（a）　　　　　　　　　　（b）

图 2-34

认识"形状模式"和"路径查找器"选项组

在"路径查找器"面板中，共有"形状模式"和"路径查找器"两个选项组。

"形状模式"选项组通过相加、相减、相交和重叠对象来创建新的图形，包括"联集"、"减去顶层"、"交集"和"差集"4 个按钮。使用该选项组中的按钮创建的图形是独立的图形。当直接单击"形状模式"选项组中的按钮时，将只保留修剪后的图形，其他图形将被删除；如果在按住 Alt 键的同时单击"形状模式"选项组中的按钮，或者在修剪后单击"扩展"按钮，则可以将修剪后的图形进行扩展，被修剪的图形路径将变为透明。

"路径查找器"选项组主要通过分割、裁剪和轮廓对象来创建新的对象，包括"分割"、"修边"、"合并"、"裁剪"、"轮廓"和"减去后方对象"6 个按钮。使用该选项组中的按钮创建的图形是一个组合图形，要想对它们进行单独的操作，首先要将它们取消组合。

选中刚才绘制好的图形，在菜单栏中选择"效果"→"变形"→"弧形"命令，弹出"变形选项"对话框，具体参数设置如图 2-35（a）所示，完成后的效果如图 2-35（b）所示。

Illustrator 插画设计

(a)　　　　　　　　　　(b)

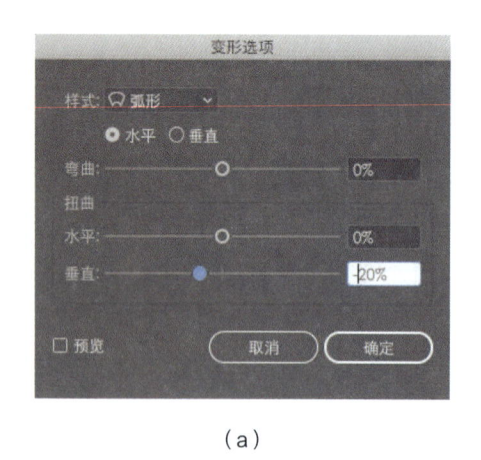

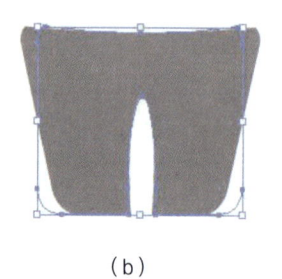

图 2-35

现在服装的基本形状已经绘制完成了，接下来对服装进行装饰，进一步将服装刻画为白衬衫、背带裤。从简单的背带裤开始，先使用工具栏中的矩形工具绘制一个矩形，再使用工具栏中的直接选择工具调节矩形下方的两个锚点，将矩形调整为上窄下宽的梯形。单击这个梯形，在按住 Alt 键的同时拖动鼠标指针，复制出另一边的背带，如图 2-36 所示。

接下来对衬衫进行装饰。从袖口开始，先使用工具栏中的圆角矩形工具，绘制一个与衣袖颜色相同的小圆角矩形，如图 2-37（a）所示。再使用工具栏中的椭圆工具绘制两个黑色圆形作为袖扣，如图 2-37（b）所示。完成后，使用工具栏中的镜像工具绘制右侧的袖口，如图 2-37（c）所示。

然后绘制衣服的扣子，先绘制纽扣下方的衣襟。使用工具栏中的矩形工具绘制一个矩形，在"属性"面板的"外观"选项组中将"填色"设置为白色，描边颜色设置为灰色，描边粗细设置为 3pt，并将"不透明度"设置为 90%，效果如图 2-38（a）所示。保持矩形的选中状态，在菜单栏中选择"效果"→"变形"→"凸出"命令，弹出"变形选项"对话框，具体参数设置如图 2-38（b）所示，完成后的效果如图 2-38（c）所示。

图 2-36

(a)　　　　　　　　(b)　　　　　　　　(c)

图 2-37

(a) (b) (c)

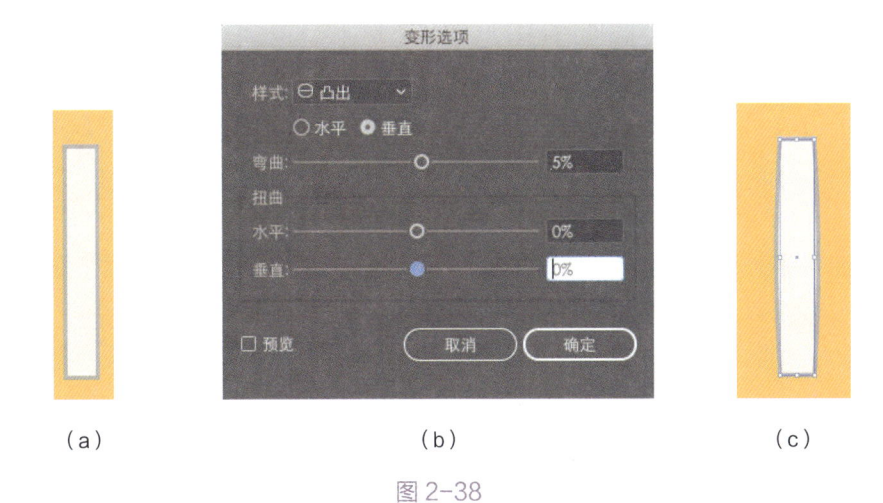

图 2-38

接着，使用工具栏中的椭圆工具绘制一个黑色的圆，并在这个圆中添加一个白色的小圆。选中白色的小圆，在菜单栏中选择"效果"→"风格化"→"羽化"命令，在弹出的"羽化"对话框中将羽化设置为3px，效果如图2-39（a）所示。将制作好的纽扣放置到上一步绘制的白色衣襟上，如图2-39（b）所示，随后复制两个黑色纽扣并依次放置到白色衣襟上，如图2-39（c）所示，扣子就绘制完成了。

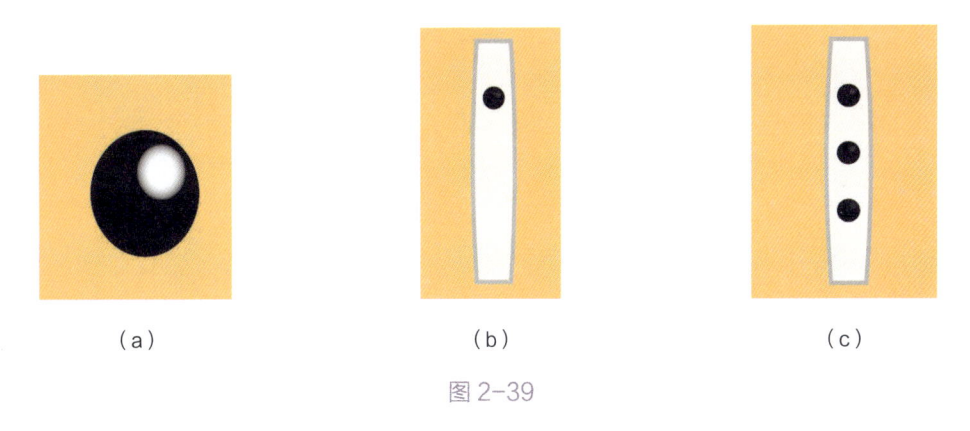

(a) (b) (c)

图 2-39

为了增加人物的趣味性，我们为人物绘制一个领结和一根拐杖。首先绘制领结。使用工具栏中的多边形工具，单击画板空白处，在弹出的对话框中将"边数"设置为3，单击"确定"按钮。将绘制好的三角形填充为红色并进行拖动，使其顺时针旋转90°，完成后的图形如图2-40（a）所示。再使用工具栏中的直接选择工具将左侧两个锚点选中，单击"属性"面板中"转换"选项组的"将所选锚点转换为平滑"按钮，完成后的图形如图2-40（b）所示，领结的左半部分就绘制完成了。

接着使用工具栏中的镜像工具复制出领结的右半部分，具体参数设置如图2-40（c）所示。操作完成后使用工具栏中的椭圆工具绘制一个红色的小圆，用来连接左右两侧的三角形，具体摆放位置如图2-40（d）所示。最后同时选中两个三角形和小圆，在菜单栏中选择"效果"→"风格化"→"内发光"命令，弹出"内发光"对话框，具体参数设置如图2-40（e）所示。

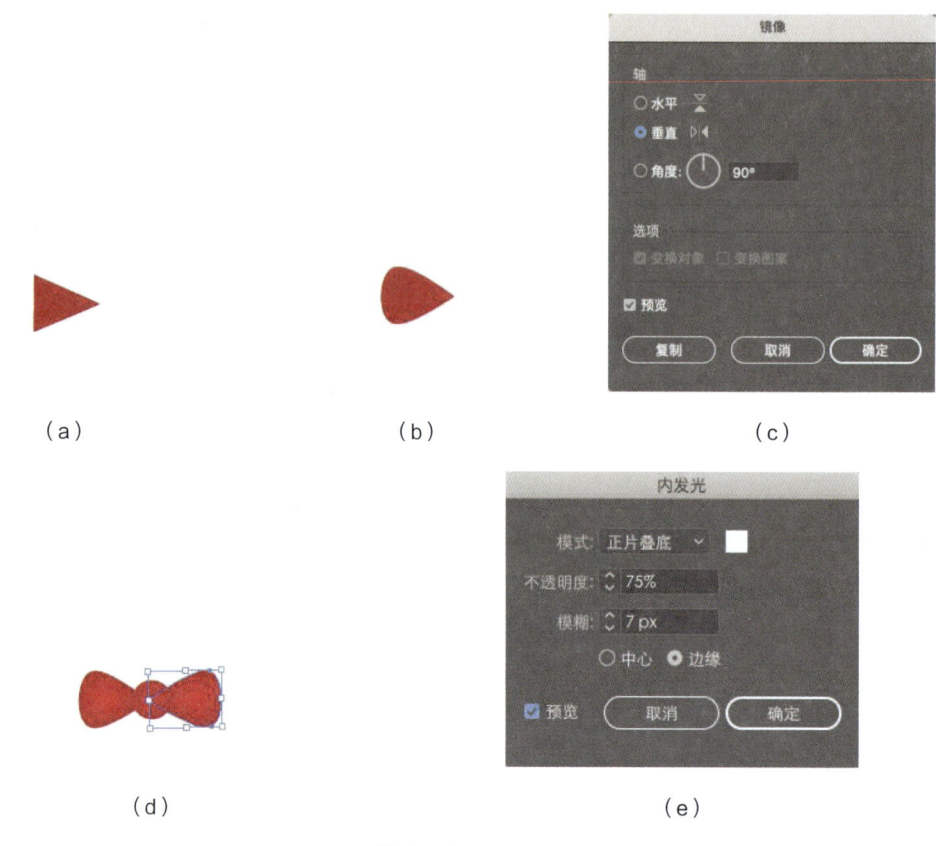

Illustrator 插画设计

（a） （b） （c）

（d） （e）

图 2-40

领结绘制完成后开始绘制拐杖。先使用工具栏中的直线工具绘制一条直线，将描边颜色设置为深棕色，完成后如图 2-41（a）所示。再使用工具栏中的钢笔工具绘制如图 2-41（b）所示的螺旋图形，并将两部分图形按照如图 2-41（c）所示的位置进行摆放。

第三步：绘制四肢。

这一步相对来说比较简单，首先绘制手。先使用工具栏中的钢笔工具绘制一只卡通手，并将其填充为肉色，如图 2-42（a）所示。再使用工具栏中的镜像工具复制出另一只手，并将其放置在合适的位置，如图 2-42（b）所示。

（a） （b） （c）

图 2-41

（a）　　　　　　　　　　　　　（b）

图 2-42

　　然后绘制脚。先使用工具栏中的圆角矩形工具绘制一个圆角矩形，并填充一个比裤子颜色更深的灰色，再使用工具栏中的直接选择工具对形状进行调整。调整完成后，保持该图形的选中状态，在菜单栏中选择"效果"→"风格化"→"内发光"命令，弹出"内发光"对话框，具体参数设置如图 2-43（a）所示。再次在菜单栏中选择"效果"→"变形"→"上弧形"命令，弹出"变形选项"对话框，设置"弯曲""垂直"等参数，具体参数设置如图 2-43（b）所示，完成后的效果如图 2-43（c）所示。随后复制这个图形，作为另一只脚。

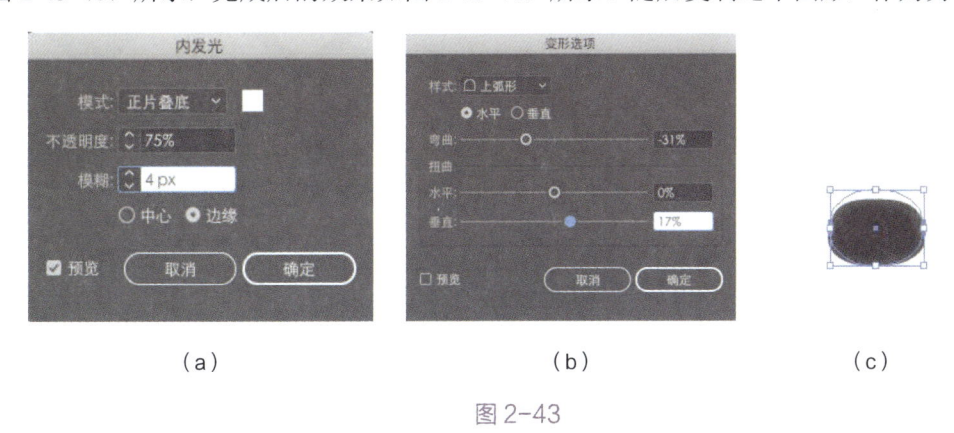

（a）　　　　　　　　　　（b）　　　　　　　　　　（c）

图 2-43

　　此时，人物的所有部分都已经绘制完成，只需要将头部、配饰和服装、四肢摆放到合适位置并进行组合即可，效果如图 2-44 所示。

　　第四步：绘制场景。

　　通过以上操作，我们完成了人物的绘制。接下来，我们开始绘制场景。

　　根据我们的设计理念，我们绘制一张扑克牌作为背景的一部分。首先使用工具栏中的圆角矩形工具绘制一大一小两个圆角矩形，将较大的矩形填充为粉色，较小的矩形填充为与较大的矩形的颜色相近的颜色并将描边颜色设置为白色，随后将两个圆角矩形重叠摆放。接着使用工具栏中的文字工具输入大写字母"K"，同样将其描边颜色设置为白色，将其放置到圆角矩形的右上角，复制这个字母并将复制的字母旋转 180°，将其移动到圆角矩形的左下角。最后同时选中在这一步绘制的所有图形并进行旋转操作，完成后的效果如图 2-45 所示。

图 2-44 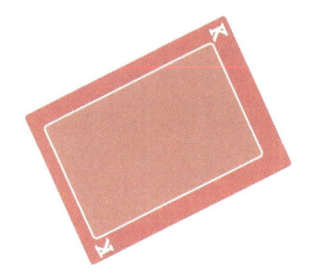　　　　　　　　　　　　　　　图 2-45

下面为背景增添氛围感，绘制一些爱心作为装饰。在菜单栏中选择"窗口"→"符号库"→"网页图标"命令，打开"网页图标"面板，将如图 2-46（a）所示的心形图案拖动到画板上，并单击"属性"面板中"快速操作"选项组的"断开链接"按钮，如图 2-46（b）所示。使用工具栏中的直接选择工具选中内部的白色爱心，如图 2-46（c）所示，按 Delete 键删除，完成后得到的形状如图 2-46（d）所示。

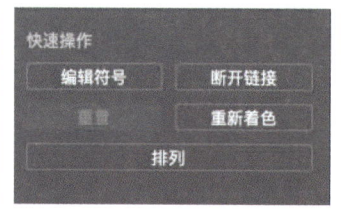

（a）　　　　　　　（b）　　　　　　　（c）　　　　　　　（d）

图 2-46

操作技巧

按 Shift+Ctrl+F11 组合键可以快速打开"符号"面板。

接着，将画板填充为淡粉色，再将爱心颜色修改为红色，并进行多次复制，调整爱心的大小、角度后摆放到合适的位置，背景就绘制完成了，如图 2-47（a）所示。最后将人物复制到背景上，扑克牌人就绘制完成了，如图 2-47（b）所示。

（a）　　　　　　　　　　　　　　　（b）

图 2-47

2.2.2 照片转换Q版人物创作——加勒比海盗

案例训练要点。

（1）掌握插画创作的流程；

（2）学习根据照片进行 Q 版人物的设计和创作的技巧；

（3）学习 Q 版人物脸型、五官的刻画；

（4）掌握 Illustrator 中镜像、模糊、投影等工具的使用方法。

视频学习

1. 创作意图

电影《加勒比海盗》中的人物角色如图 2-48（a）所示，以该人物角色为原型创作卡通版海盗形象，如图 2-48（b）所示。在保留原有色调的同时，尝试运用变形、夸张、简化的手法，绘制海盗的 Q 版造型，头身比例大概是 1:1，通过头巾、头饰、衣着、佩刀这些典型的配饰表现人物特征，既保留了很多原始的元素，又使卡通版海盗形象更加亲和、可爱。

（a） （b）

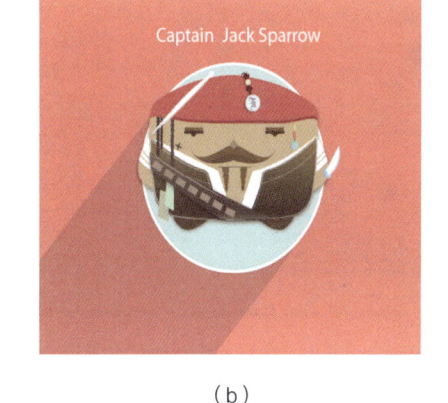

图 2-48

2. 制作步骤

卡通版海盗形象由人物和场景共同组成，我们从人物部分开始进行绘制。

第一步：绘制草图，绘制外形，填充主体色彩。

首先，在使用 Illustrator 绘制前，我们需要绘制草图，有数位板的读者可以直接通过数位板进行描绘。如果对形象的把握还不准确，建议多在纸上绘制草图，如图 2-49 所示，在纸上设计海盗的形态更加便于修改和寻找灵感。

接下来我们以第一个人物形象为例进行绘制。根据草图，使用工具栏中的钢笔工具绘制主体的外形，并填充相应的色彩，如图 2-50 所示。之后的服装和配饰等使用先勾形、后填色的方法完成。

在色彩的选择上，皮肤的 CMYK 色彩值可以设置为（C：26%、M：38%、Y：65%、K：0%），如图 2-51（a）所示。鞋子的 CMYK 色彩值可以设置为（C：62%、M：75%、Y：98%、K：42%），如图 2-51（b）所示。袖筒的 CMYK 色彩值可以设置为（C：0%、M：0%、Y：0%、K：0%）。

图 2-49

图 2-50

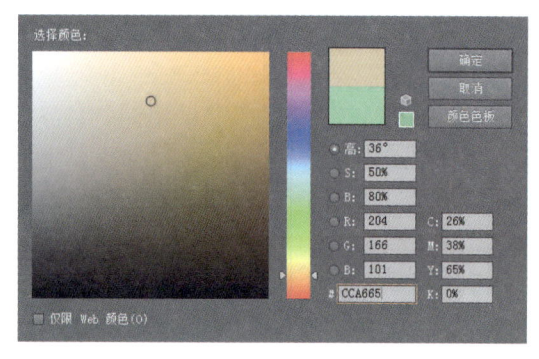

（a） 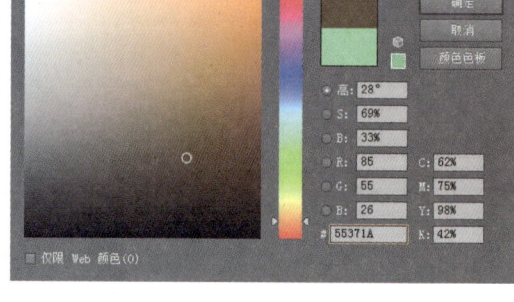　　　　　　　　　　　　　　（b）

图 2-51

然后绘制衣服的细节。在这幅插画中，衣服占整个图形的大部分面积，因此我们使用渐变来增加其体积感，使其在感官上更加厚实稳重。衣服的渐变立体效果绘制方法是：选中需要填充的图形后，选择工具栏中的渐变工具，打开"渐变"面板，将"类型"设置为"线性渐变"，具体参数设置如图 2-52 所示，3 个渐变滑块从左至右的 CMYK 色彩值分别为（C：44%、M：68%、Y：86%、K：8%）、（C：64%、M：77%、Y：99%、K：54%）、（C：69%、M：74%、Y：97%、K：40%），也可以根据自己的理解来设置颜色。

渐变类型和角度的编辑方法

渐变是绘图过程中对图形进行填充的基本方式，也是丰富画面、增加物体真实度的方式之一。"渐变"面板如图 2-52 所示，渐变类型和角度的编辑方法如下。

（1）"类型"选项：共有 3 种渐变类型，分别是"线性渐变"▤、"径向渐变"▣ 和"任意形状渐变"▦，单击相应的按钮即可修改渐变类型。

（2）"角度"选项：当渐变类型选择"线性渐变"选项时，可以在"角度"文本框

△中输入精确的数值来设置线性渐变的角度。除此之外,选中需要渐变填充的对象,单击工具栏中的渐变工具按钮,填充对象上会出现渐变工具条,将鼠标指针放在其末端,当鼠标指针变成弧形箭头 时,点按鼠标按键进行拖动,也可以调整渐变的角度。另外,在拖动的同时按住 Shift 键,可以限制渐变的角度为水平、垂直或 45 度。

接着绘制衣服上的褶皱线条。同样使用工具栏中的钢笔工具进行绘制,将描边颜色的 CMYK 色彩值设置为(C:51%、M:54%、Y:75%、K:2%),这样就绘制好了衣服右侧的褶皱线条,如图 2-53 所示。

图 2-52   图 2-53

在按住 Shift 键的同时使用工具栏中的选择工具依次单击所有已绘制完成的衣服图形和褶皱,随后松开 Shift 键,即可将其全部选中,如图 2-54(a)所示。使用工具栏中的镜像工具,在按住 Alt 键的同时,移动绿色的镜像中心点,在合适的位置松开 Alt 键,此时,弹出"镜像"对话框,如图 2-54(b)所示,先选中"垂直"单选按钮,再单击"复制"按钮,完成变换后调整图形的位置,最终效果如图 2-54(c)所示。

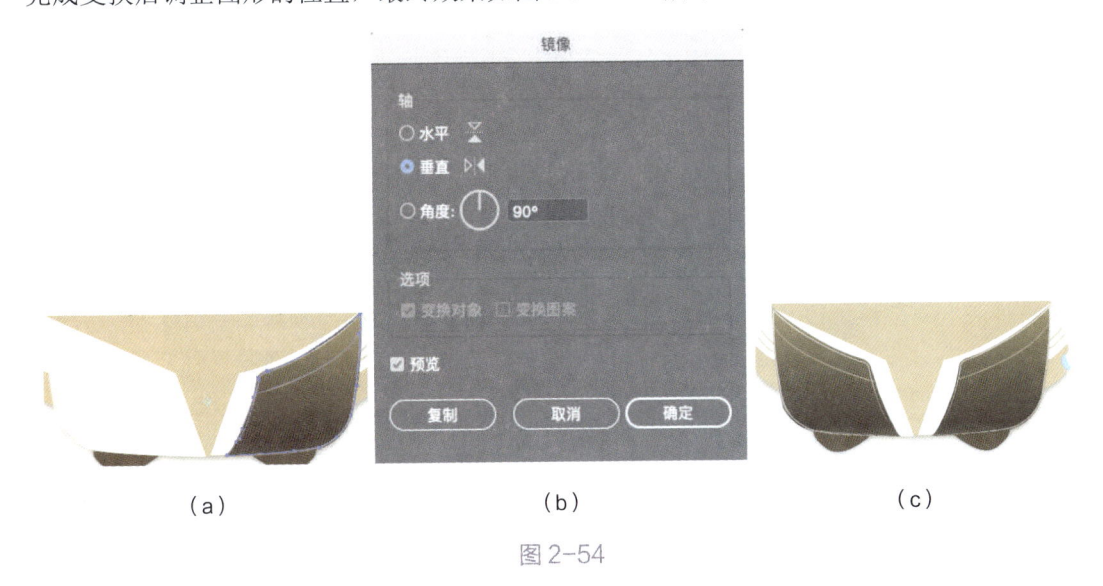

(a)   (b)   (c)

图 2-54

衣服绘制完成后，使用工具栏中的钢笔工具绘制帽子的轮廓，将填充颜色的CMYK色彩值设置为（C：25%、M：87%、Y：74%、K：0%），效果如图2-55所示。

第二步：绘制五官。

仔细观察图2-48（a）中人物的五官特征，海盗的眼睛大而深邃，眼睛涂上了些黑色的颜料，胡子是八字胡，嘴巴下面还有一小缕胡子，脸上有十字刀疤印。提取特征并进行简化后，使用工具栏中的钢笔工具绘制眼睛、鼻子、胡子，颜色以浅棕色和深棕色为主，具体形状、颜色可以参考图2-56。刀疤的绘制方法是使用工具栏中的文字工具输入符号"×"，再将其旋转到合适的角度，并放置到脸上。

图 2-55

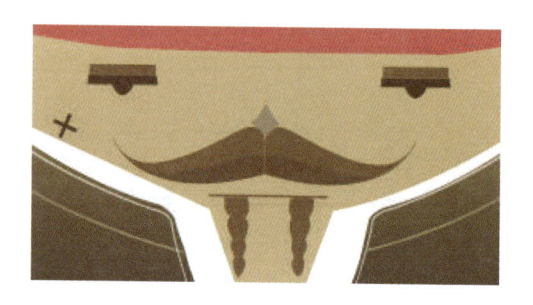

图 2-56

第三步：绘制局部细节。

绘制腰带、头发和小挂饰等细节，丰富人物形象。

腰带部分主要由图2-57（a）所示的4部分组成：高光、腰带主体、腰带纹路、投影。我们从腰带主体开始绘制。使用工具栏中的钢笔工具绘制好轮廓后为其填充渐变颜色，3个渐变滑块从左至右的CMYK色彩值分别为（C：59%、M：67%、Y：77%、K：19%）、（C：57%、M：72%、Y：75%、K：66%）、（C：50%、M：54%、Y：68%、K：41%），位置如图2-57（b）所示。

绘制腰带上的高光。使用工具栏中的钢笔工具绘制一条与腰带外形一致的曲线，形状可以参考图2-57（a）中最上方的图形，将其填充为白色。选中该曲线，在菜单栏中选择"效果"→"模糊"→"高斯模糊"命令，在弹出的"高斯模糊"对话框中将"半径"设置为2像素，如图2-58（a）所示。在"属性"面板的"外观"选项组中将描边粗细设置为2pt，"不透明度"设置为55%，如图2-58（b）所示。

(a)　　　　　　　　　　　　　　　(b)

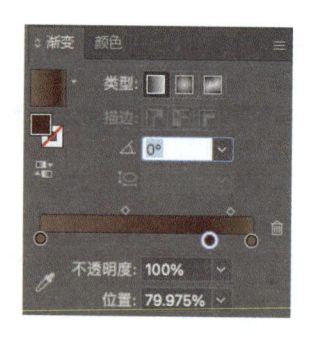

图 2-57

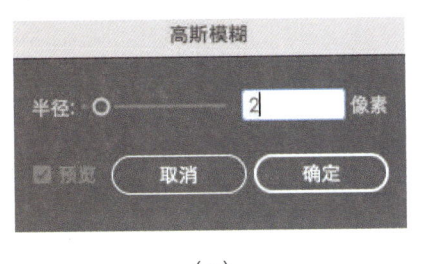

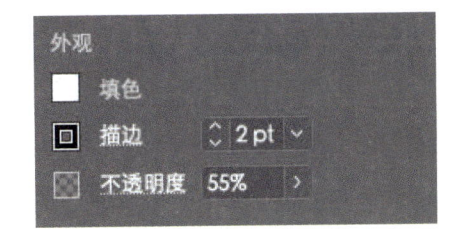

(a) (b)

图 2-58

认识高斯模糊

高斯模糊滤镜通过调节细节的量使对象快速模糊，删减高频出现的细节，产生朦胧、虚化的效果。选择对象后，在菜单栏中选择"效果"→"模糊"→"高斯模糊"命令，弹出"高斯模糊"对话框，如图2-58（a）所示，调整"半径"参数可以设置模糊的范围，它以像素为单位，数值越高，删减的细节越多，模糊效果越明显。

绘制纹路。沿腰带的中线绘制一条曲线，将线段的描边粗细设置为5pt。保持选中状态，在菜单栏中选择"窗口"→"画笔"命令，打开"画笔"面板，单击左下角的"画笔库菜单"按钮，在弹出的下拉列表中选择"边框"→"边框_虚线"选项，在更新后的面板中选择"虚线1.1"选项，如图2-59所示。

接下来，选中腰带主体图形，在菜单栏中选择"效果"→"风格化"→"投影"命令，在弹出的"投影"对话框中将"模式"设置为"正片叠底"，"不透明度"设置为64%，具体参数设置如图2-60所示。最后，将4部分拼接在一起，一条完整的腰带就绘制完成了。

"投影"对话框中各参数的含义

在Illustrator中，在菜单栏中选择"效果"→"风格化"→"投影"命令后，会弹出"投影"对话框，该对话框中各参数的含义如下。

（1）"模式"参数：单击该参数右侧的下拉按钮，在弹出的下拉列表中可以选择投影的混合模式。

（2）"不透明度"参数：改变投影颜色的不透明度。可以单击参数左侧的按钮进行调整，也可以直接在文本框中输入需要的参数值，取值范围为0%～100%。参数值越小，投影的颜色越透明。

（3）"X位移"参数：改变阴影相对于原对象在X轴上的位移量。输入正值，阴影将向右偏移；输入负值，阴影将向左偏移。

（4）"Y位移"参数：改变阴影相对于原对象在Y轴上的位移量。输入正值，阴影将向下偏移；输入负值，阴影将向上偏移。

（5）"模糊"参数：设置阴影颜色边缘的柔和程度。参数值越大，边缘的柔和程度也越大。

Illustrator 插画设计

（6）"颜色"和"暗度"参数：控制阴影的颜色。选中"颜色"单选按钮，可以单击右侧的颜色块，打开"拾色器"对话框来设置阴影的颜色。选中"暗度"单选按钮，可以在右侧的文本框中输入合适的参数值，设置阴影的明暗程度。

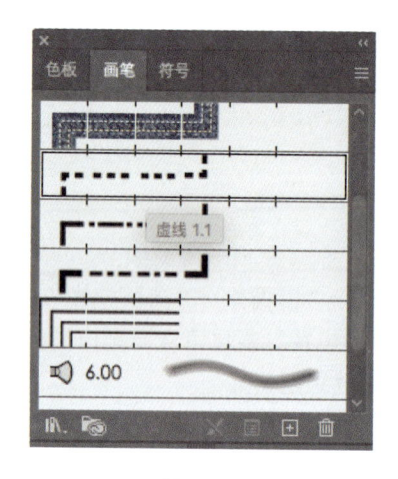

图 2-59 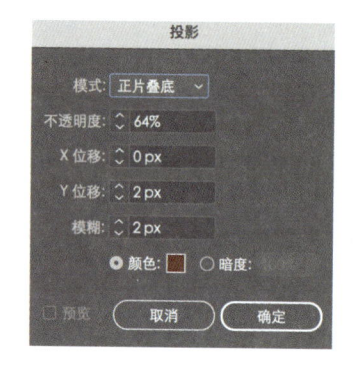　　　　　　　　　　　　　　图 2-60

下面绘制头发，头发的设定是编织的小辫子。使用工具栏中的椭圆工具绘制一个椭圆，使用工具栏中的直接选择工具对锚点进行简单调整，使其呈不规则的瓜子状，如图 2-61（a）所示。选中这个形状，在菜单栏中选择"效果"→"风格化"→"内发光"命令，在弹出的"内发光"对话框中设置"模式""不透明度"等参数，如图 2-61（b）所示，单击"确定"按钮，使其具有立体感。完成后将这个图形进行多次复制，拼接到合适的长度就完成了头发的绘制。

（a）　　　　　　　　　　　　　　（b）

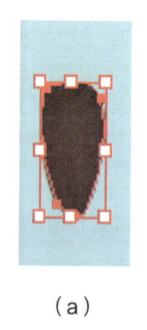

图 2-61

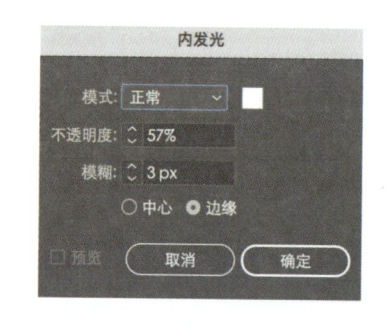

接着绘制头饰白色骨针。白色骨针由形状、高光、投影 3 部分组成，如图 2-62（a）所示。先使用工具栏中的钢笔工具绘制一个两头尖细，中间粗的长条，再使用工具栏中的椭圆工具绘制一个正圆。将两个图形填充为白色，分别选中这两个图形，在菜单栏中选择"效果"→"风格化"→"内发光"命令，在弹出的"内发光"对话框中设置"模式""不透明度"等参数。随后将两图形摆放至相应位置，如图 2-62（a）中间的图形所示。将刚才绘制好

的一组图形进行编组后复制，调节其"不透明度"参数，如图 2-62（a）右侧的图形所示。使用工具栏中的钢笔工具绘制一个两头尖细，中间粗的长条，注意要比上一个形状更加细小，并填充白色作为高光，如图 2-62（a）左侧的图形所示。将绘制的 3 组图形进行摆放，完成后的效果如图 2-62（b）所示。

（a） （b）

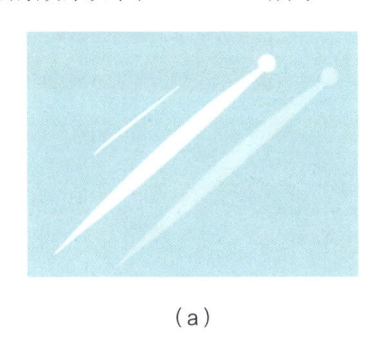

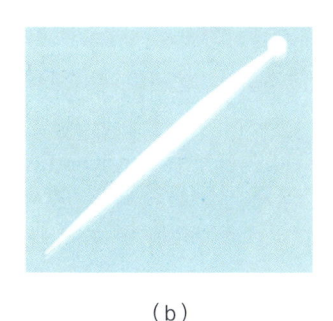

图 2-62

最后绘制珠子和硬币头饰。先使用工具栏中的椭圆工具绘制珠子部分，在按住 Shift 键的同时拖动鼠标指针，绘制 4 个正圆。使用工具栏中的渐变工具进行填充，将"类型"设置为"径向渐变"，绘制 4 个大小不一的白色椭圆作为高光。再使用工具栏中的椭圆工具绘制硬币形状，填充为浅灰色，将描边颜色设置为较深一些的灰色，硬币中的图案由花体字 Blackletter 686 BT 生成，也可以根据喜好自己设计图案。随后将珠子和硬币摆放到合适的位置，使用工具栏中的钢笔工具将帽子和珠子进行连接。最后给珠子和硬币加上投影，具体形状、大小、颜色和位置如图 2-63 所示。

最终完成的人物绘制效果如图 2-64 所示。

第四步：绘制背景。

背景分为 3 部分。第 1 部分是最里面的蓝色圆形背景，大小只需要将海盗图形包住即可，将填充颜色的 CMYK 色彩值设置为（C：35%、M：3%、Y：18%、K：0%），描边颜色设置为白色，效果如图 2-65 所示。

第 2 部分是投影。使用工具栏中的矩形工具绘制一个矩形，填充为黑色，将"不透明度"设置为 10%，并将其进行旋转后置于底层，完成后的效果如图 2-66 所示。

第 3 部分是背景颜色。将整个背景的 CMYK 色彩值设置为（C：11%、M：73%、Y：58%、K：0%），就完成了本次绘制，效果如图 2-67 所示。

图 2-63

图 2-64

Illustrator 插画设计

图 2-65 　　　　　　　图 2-66 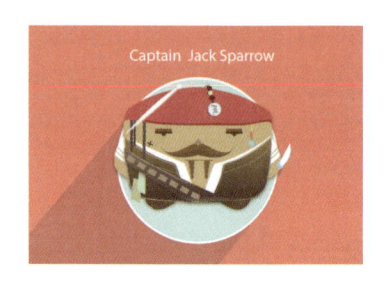　　　　　　　图 2-67

学会了这种方法后就可以进行相应的创作和绘制了，最重要的还是设计思想的拓展和基本功的练习。将人物形象应用到场景中的作品如图 2-68 所示。

（a） 　　　　　　　　　　　　　（b）

图 2-68

背景细节展示如图 2-69 所示。使用类似的方法，我们还可以根据其他的实物图片经过夸张、简化等手法的处理创作出新的 Q 版卡通形象。

（a） 　　　　　　　　　　　　　（b）

图 2-69

2.2.3　人物动态创作——顽皮的男孩

案例训练要点。
（1）了解人物动态插画创作的流程；
（2）学习人物动态画法、外轮廓勾线法，以及衣服褶皱的处理；
（3）掌握 Illustrator 中描边设置、阴影绘制等的方法。

1. 创作意图

本插画中的人物形象设定是一位比较随性，衣着轻松，又有点小聪明的男生，使用粗细有致的勾线来表现人物，使插画达到手绘的效果，最终效果如图 2-70 所示。

2. 制作步骤

第一步：绘制轮廓图。

创建新的文件后，根据绘制好的草图，使用工具栏中的钢笔工具将外形描绘出来，将描边颜色设置为黑色，初步绘制后的效果如图 2-71 所示。在绘制时注意分层、分段，脸型、头发、脖子、衣服、手臂、裤子、鞋子及脚踝的外部轮廓尽量绘制成封闭路径，方便填充颜色和绘制细节。

图 2-70　　　　　　　　　　　　图 2-71

为了更形象地表现人物动态，我们需要对外形进行调整，使线条具有一些变化。选中轮廓路径，在菜单栏中选择"窗口"→"描边"命令，打开"描边"面板，单击"配置文件"右侧的下拉按钮，弹出下拉列表，选择"宽度配置文件 5"选项，如图 2-72（a）所示。随后在"属性"面板的"外观"选项组中修改线条的描边粗细。其中，躯干作为主要部分，描边粗细可以设置为 4pt，其余部位根据整体需要进行调整即可。如图 2-72（b）所示，衣服部分的描边粗细为 5pt，头发部分的描边粗细为 3pt。

下面使用钢笔工具绘制五官、发丝、衣纹等细节。绘制五官时需要注意人物神态细节，部分细节使用了两条线条勾边（比如双眼皮）。嘴巴的绘制方法是先绘制一条完整的曲线，然后选择工具栏中的剪刀工具在线段中部进行裁剪，使线段具有变化。在描边颜色的选择上，五官及手臂的描边颜色使用棕色，其 CMYK 色彩值可以设置为（C：78%、M：82%、Y：83%、K：67%），其他部分仍然设置为黑色。描边粗细根据需求进行修改，如图 2-73（a）所示，发丝的描边粗细为 6pt，如图 2-73（b）所示，衣纹的描边粗细为 5pt。

Illustrator 插画设计

（a） （b）

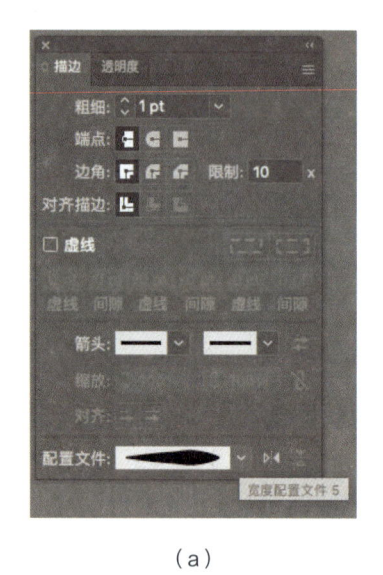

图 2-72

（a） （b）

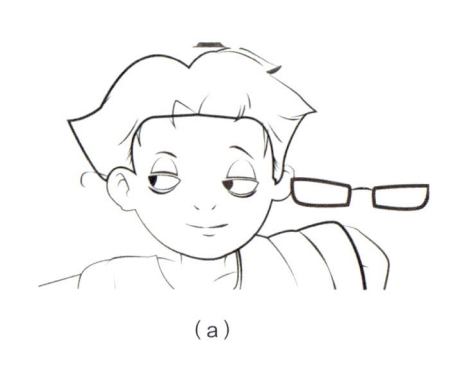

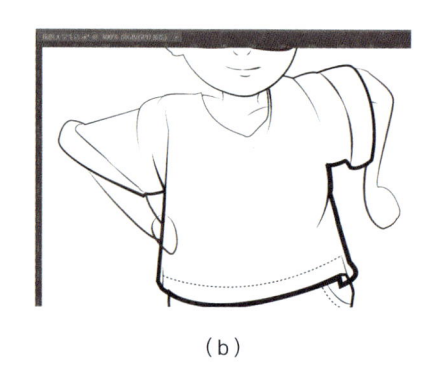

图 2-73

第二步：填充颜色。

皮肤的颜色可以在 Illustrator 色板库中选择。在菜单栏中选择"窗口"→"色板"命令，打开"色板"面板，单击左下角的"色板库菜单"按钮，打开"色板库菜单"下拉列表，选择"肤色"选项，如图 2-74（a）所示。打开"肤色"面板，选择合适的颜色即可，可参考图 2-74（b）进行设置。

> **认识色板**
>
> 色板可以将颜色、渐变或调色板快速应用于文字或图形对象。色板实际上是样式设置，对色板所做的任何更改都将影响使用该色板的所有对象。在使用色板更改复杂图案的颜色时，不需要定位或调节每个单独的对象，从而使修改颜色变得更加容易。但需要注意，创建的色板只与当前文档相关联，每个文档可以在其"色板"面板中存储一组不同的色板。

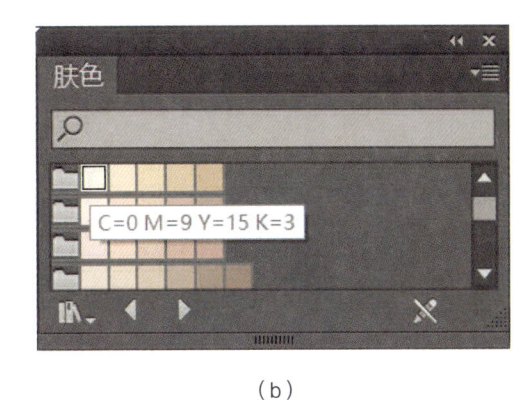

第 2 章 人物插画

（a） （b）

图 2-74

头发的 CMYK 色彩值为（C：76%、M：71%、Y：69%、K：36%）；将眼白填充为浅灰色，其 CMYK 色彩值可以设置为（C：10%、M：6%、Y：7%、K：0%），使脸部色彩搭配更加和谐，效果如图 2-75 所示。

衣服的颜色可以适当提高纯度以免画面太灰，其 CMYK 色彩值可以设置为（C：61%、M：0%、Y：49%、K：0%）。裤子和鞋子分别选择与画面风格协调的颜色进行填充即可，裤子的 CMYK 色彩值可以设置为（C：35%、M：26%、Y：46%、K：0%），鞋子的 CMYK 色彩值可以设置为（C：30%、M：31%、Y：73%、K：0%），完成后的效果如图 2-76 所示。

图 2-75 　　　　　　　　　　　　图 2-76

第三步：绘制阴影细节。

首先使用工具栏中的钢笔工具绘制阴影区域及衣纹的形状，然后填充颜色。阴影部分的颜色选择有两种方法：一种是绘制阴影区域后，吸取对象本来的颜色，对颜色进行调整，使其比对象颜色略重，之后进行填充；另一种方法是先直接将阴影区域填充为黑色，再将其不透明度设置为10%左右，通过降低不透明度做出的投影可以进行叠加，做出自然、通透的效果。添加阴影后的效果如图2-77所示。进行到这里，人物就绘制完成了。

（a）　　　　　　　　　　　（b）

图 2-77

第四步：绘制背景。

最后只要加上背景，该插画就大功告成了。背景可以根据内容设计相应的形式，也可使用下载的素材进行拼合，具体效果如图2-78所示。

图 2-78

2.2.4　装饰风格的复杂人物动态插画创作——黛玉葬花

案例训练要点。

（1）了解复杂人物动态插画创作的流程；

(2)学习复杂人物动态的画法，外轮廓的绘制，笔刷的使用技法，表现水彩效果的技法，纹样的绘制；

(3)掌握 Illustrator 中艺术效果、渐变填充等工具的使用方法。

1. 创作意图

浮世绘中的美人绘，色彩多样但不艳丽浮夸，构图的艺术装饰性强，线条排列精简，色彩鲜明，平面上色不加阴影，取材于民间生活但韵味十足。为讲解如何使用计算机绘制这种风格的插画，本书选择根据《红楼梦》中的经典桥段"黛玉葬花"进行艺术创作，在色彩、线条、构图上模仿浮世绘的风格，在绘画方式上运用平涂的上色方法。最终的《黛玉葬花》插画作品如图 2-79 所示。

2. 制作步骤

第一步：绘制轮廓图。

新建一张画板，使用工具栏中的画笔工具，将描边粗细设置为 0.15pt，在画板上绘制人物轮廓，如图 2-80 所示。

图 2-79    图 2-80

第二步：绘制头发。

在菜单栏中选择"窗口"→"画笔"命令，打开"画笔"面板，单击左下角的"画笔库菜单"按钮，在下拉列表中选择"艺术效果"→"艺术效果_卷轴笔"选项，弹出"艺术效果_卷轴笔"面板，在该面板中选择一个合适的笔刷，如图 2-81（a）所示，并将描边粗细设置为 0.25pt。使用工具栏中的画笔工具从外向内地刷，刷出头发的立体感，最后使用直接选择工具调整头发的整体形状，效果如图 2-81（b）所示。

（a）　　　　　　　　　　　　　（b）

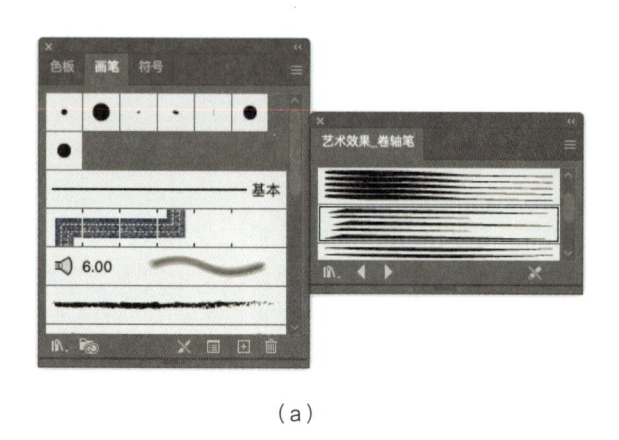

图 2-81

> **认识"画笔"面板**
>
> 在"画笔"面板中，可以执行下列操作。
> （1）单击"画笔库菜单"按钮，在弹出的下拉列表中选择画笔类型，在其中选择需要的画笔，会自动添加到"画笔"面板中。
> （2）单击"新建画笔"按钮，打开"新建画笔"对话框，选择画笔类型，单击"确定"按钮，打开"书法画笔选项"对话框，可以按照设置新建画笔。
> （3）选择画笔后，如果单击"删除画笔"按钮，则可以删除画笔。
> （4）单击"移去画笔描边"按钮，将移除当前路径中的画笔描边。
> （5）选择使用画笔描边的路径，单击"删除画笔"按钮，可以打开对应的画笔选项对话框，重新设置画笔选项。
> （6）单击"画笔"面板右上方的按钮，在弹出的下拉列表中选择"存储画笔库"选项，可以将当前文档中的画笔存储到画笔库中，方便以后使用。

第三步：绘制五官。

使用工具栏中的钢笔工具绘制脸部轮廓并填充为肤色，注意描边颜色需要比填充颜色更深，描边颜色的 CMYK 色彩值可以设置为（C：3%、M：30%、Y：33%、K：0%），填充颜色的 CMYK 色彩值可以设置为（C：2%、M：15%、Y：22%、K：0%）。随后绘制眼部细节，使用工具栏中的画笔工具在眼尾处绘制肤色偏橘的眼影轮廓，CMYK 色彩值可以设置为（C：15%、M：47%、Y：44%、K：0%），以强化眼部轮廓，增强人物柔弱之感，选择"艺术效果_卷轴笔"面板中的一个笔刷，将描边粗细设置为 0.05pt，刷人物的睫毛。使用工具栏中的钢笔工具绘制嘴唇的形状并填充颜色，CMYK 色彩值可以设置为（C：8%、M：60%、Y：38%、K：0%），使用工具栏中的画笔工具，并为其设置一个较深的红色，CMYK 色彩值可以设置为（C：16%、M：87%、Y：71%、K：0%），绘制上唇与下唇交界处的形状，效果如图 2-82 所示。

第四步：绘制服饰。

绘制衣服同样是先使用工具栏中的钢笔工具绘制服装部分需要填充颜色的地方，并进行色彩填充。上衣填充颜色的 CMYK 色彩值可以设置为（C：14%、M：23%、Y：37%、K：0%），衣领外侧填充颜色的 CMYK 色彩值可以设置为（C：30%、M：98%、Y：100%、K：0%），衣领内侧填充颜色的 CMYK 色彩值可以设置为（C：0%、M：0%、Y：3%、K：0%），衣襟填充颜色的 CMYK 色彩值可以设置为（C：91%、M：80%、Y：9%、K：0%），裙子填充颜色的 CMYK 色彩值可以设置为（C：100%、M：100%、Y：65%、K：8%）。人物披肩使用工具栏中的渐变工具进行渐变填充，渐变颜色的 CMYK 色彩值可以分别设置为（C：2%、M：33%、Y：78%、K：0%）、（C：13%、M：23%、Y：31%、K：0%）、（C：67%、M：51%、Y：0%、K：0%）。在颜色填充的过程中需要更改描边颜色和粗细，描边颜色的 CMYK 色彩值可以设置为（C：62%、M：54%、Y：64%、K：5%），另外需要注意各个色块间的图层关系，如图 2-83 所示。

图 2-82 　　　　　　　　　　　　　图 2-83

整体颜色填充完成后，进一步对服饰进行细节刻画。人物的衣襟处从"画笔库菜单"中选择图案，打开"画笔库菜单"下拉列表，选择"装饰"→"典雅的卷曲和花形画笔组"选项，打开"典雅的卷曲和花形画笔组"面板，如图 2-84（a）所示。先在其中选择合适的纹样并添加到衣襟上，然后对图案的大小、疏密程度和颜色进行调整，效果如图 2-84（b）所示。继续使用画笔库中的纹样，对纹样进行绘制和裁剪，通过复制、变换及调整图层关系等操作将纹样添加至裙尾处，效果如图 2-84（c）所示。

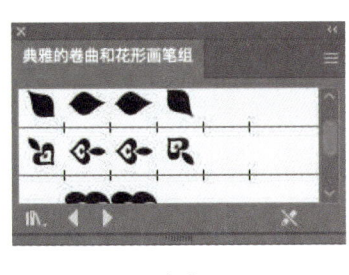

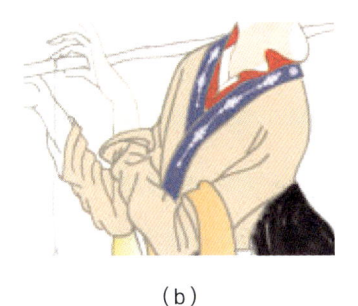

（a）　　　　　　　　　　（b）　　　　　　　　　　（c）

图 2-84

第五步：绘制背景及道具、场景。

首先绘制背景。从外部导入水彩画纸素材，将它的图层放置在底层，作为底图纹理，并调整其不透明度，如图 2-85 所示。

使用破旧牛皮纸素材并进行调整，放在水彩画纸的下层，并调整其不透明度。使用工具栏中的矩形工具绘制一个与画板相同大小的矩形，填充背景颜色并放置在底层，打造出破旧画布上的秋日之色，完成背景的绘制，如图 2-86 所示。

图 2-85 　　　　　　　　　　　　　　图 2-86

然后使用工具栏中的钢笔工具绘制手和道具的轮廓。锄头杆的颜色使用由黄到黑灰的渐变填充。其中，黄色的 CMYK 色彩值为（C：45%、M：52%、Y：81%、K：1%），黑灰色的 CMYK 色彩值为（C：64%、M：69%、Y：100%、K：34%），接近人物的部分的色调调成灰色，营造出阴影的效果，如图 2-87（a）所示。使用工具栏中的钢笔工具绘制花篮的外形，将填充颜色设置为"无"，边框为土黄色，CMYK 色彩值为（C：54%、M：69%、Y：100%、K：18%），效果如图 2-87（b）所示。

（a） 　　　　　　　　　　　　　　（b）

图 2-87

接着使用工具栏中的画笔工具绘制树枝与花朵的具体形态。花与树叶使用工具栏中的椭圆工具进行填充，将描边颜色设置为"无"。因为落花是秋天，所以花的填充颜色在红色的基础上增加一点黄色，并适当调整其不透明度，调整图层的顺序，放在线段图层下，制造出凌乱萧瑟之感，如图2-88（a）所示。树枝、树叶与花瓣的颜色搭配可以参考图2-88（b）。

CMYK:81 84 85 71
CMYK:69 65 78 29
CMYK:69 78 79 50
CMYK:18 66 7 0
CMYK:31 23 92 0
CMYK:50 100 81 24
CMYK:65 47 68 2
CMYK:68 50 100 9
CMYK:57 51 100 5
CMYK:61 47 95 3
CMYK:78 45 87 6
CMYK:58 51 55 1
CMYK:25 18 86 0
CMYK:49 10 67 13

（a）　　　　　　　　　　　　　　（b）

图2-88

使用工具栏中的画笔工具绘制几片飘落凌乱的花瓣并填充颜色，如图2-89（a）所示。再绘制地面上的几朵花，放置在人物的衣裙边角处，并将花瓣调整为渐变效果，营造出落花之感，如图2-89（b）所示。

（a）　　　　　　　　　　　　　　（b）

图2-89

第六步：调整细节。

最后，进行画面的细节调节。例如，将脸部的颜色与脖子的颜色调整一致，使整个画面变得更和谐；调整篮子的形状，因为前期篮子太细，缩放看不出编织效果，所以减去篮子上一些编织线，并将篮子的颜色与锄头调整一致，使画面整体看起来更加统一、完整，如图 2-90（a）所示，整幅作品就绘制完成了，如图 2-90（b）所示。

（a）　　　　　　　　　　　　　　（b）

图 2-90

2.3 习作欣赏点评

2.3.1 运用线条绘制摩登女郎

结合使用 Illustrator 与数位板，绘制摩登女郎，线条应轻松飘逸。在进行色彩填充时，应遵循头发的纹理走势，使用面块结合的形式描绘出头发发丝及基本走势，犹如手绘效果，如图 2-91 所示。

图 2-91

2.3.2 运用点、线、面构成夸张怪诞的人物形象

点、线、面是绘画中最基本的元素，也是最不好运用的元素。如图 2-92 所示，该插画中人物的塑造充分展现了作者运用点、线、面的技法，恰到好处地表现了人物怪诞、幽默、夸张的神态。色块用于形体的划分，点和线用于细节的刻画，颜色明度一致，添加阴

影可以表现出立体风格，不添加阴影可以表现出扁平化风格。

（a） （b）

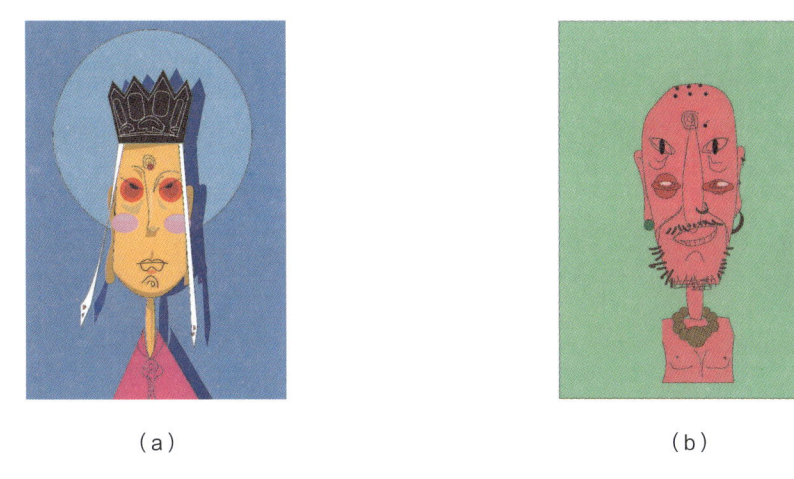

图 2-92

2.3.3 讲述故事

对同一个人物不同时期的形象进行展现，也是一种有趣的创作方式。如图 2-93 所示，该插画描述了各个时期的"我的生活"：童年时期的生活状态是每天开开心心地玩乐，读书时期的生活状态是被各种学业压力所困，毕业之后的生活状态是有自己独立轻松的生活方式，也有女强人精干的一面。

图 2-93

2.3.4 带有场景的节庆日

在春节期间,各地喜气洋洋,小孩、舞龙舞狮、各种年货是创作者想要表达的内容,如图 2-94 所示。同样是以春节为主题的插画,图 2-95 采用了俯视的视角,人物围绕成一个圆形,象征着团团圆圆的美好愿景,插画中鞭炮、福字、年画等各种与春节有关的元素使用暖色调构成了主体背景,让人感受到了春节的热闹、欢快、喜庆。

图 2-94

图 2-95

2.3.5 立体化风格人物形象

图 2-96(a)是电影《美国队长》中的人物形象,图 2-96(b)是对人物进行了结构分割、立体化处理,以块面来构成人物脸部的插画,其采用纯色进行填充,这样创作出来的人物形象立体感和造型感较强。

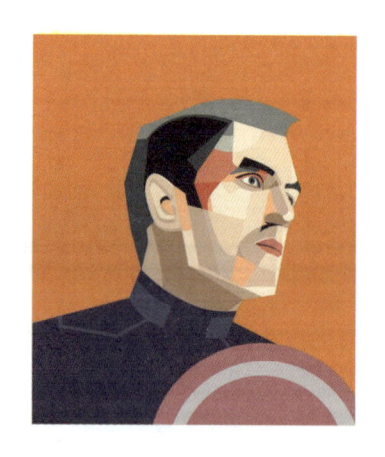

(a) (b)

图 2-96

2.3.6 人物头像表情

最近几年，表情包很受欢迎，特别是人物表情包，一个表情能够包含一段文字信息，还能表达无法用言语表达的内容。如图 2-97 所示，创作者以家庭成员为人物角色，设计了系列表情包，具有可爱、幽默、搞笑、诙谐的风格。

图 2-97

2.3.7 浪漫主义风格的人物

浪漫主义在反映客观现实上侧重从主观内心世界出发，随着感觉走，抒发对理想世界的热烈追求，常用热情奔放的语言、瑰丽的想象和夸张的手法来塑造形象。如图 2-98 所示，作品使用丰富的色彩，场景与人物塑造轻松且随性。

根据电影动画《爱丽丝梦游仙境》创作改编的插画如图 2-99 所示。插画以主人翁爱丽丝为主，以故事里耳熟能详的兔子先生、疯帽子、扑克牌王国、爱闹别扭的双胞胎兄弟等为辅，加上点缀，组成一幅生动有趣的画面，无论是场景还是基调，都让人有奇幻之感，符合爱丽丝梦游仙境的主题。

图 2-98

图 2-99

课后练习

(1) 收集人物动态资料,从中挑选出 3 种人物形象并进行插画创作,要求突出人物形象的动态、表情、性格等。

(2) 分别以喜、怒、哀、乐 4 种情绪为主题创作人物面部表情插画。

第 3 章　动物插画

【教学目标】

本章的教学目标是掌握动物插画的基本创作要素和原理，熟悉动物的运动规律、动态特征，熟练运用 Illustrator 的各种艺术笔刷及综合运用"效果"菜单中的命令绘制动物不同的肌理效果，并独立进行动物插画的创作。

【教学重点和难点】

本章的教学重点是动物插画的创作和对动物动态结构的理解；难点是使用 Illustrator 绘制肌理效果，动物形态的提炼和变形。

【实训课题】

围绕以下主题创作插画。

（1）观察生活中熟悉的动物或文学故事中的动物角色，创作一幅动物插画。

（2）使用拟人化手法处理某种动物，创作一组插画，要求：包含 4 个动物形象，特征突出。

3.1 动物插画创作要素

3.1.1 动物插画分类

插画中的动物造型分为写实类和写意类。

（1）写实类动物造型的特点是，在保持动物原本的外形的基础上，常常使用拟人手法，基本造型以人为原型，赋予人的丰富表情、行为能力，甚至是思考问题的方式，能够让观众在第一眼便能分辨出角色的属性。写实类的手法在动画作品中运用得较多，也是常见的一种手法。例如，《狮子王》中的野猪和狮子的角色造型，如图3-1所示。《熊出没》使用了拟人手法，赋予熊人的表情和情感，将动物造型拟人化，如图3-2所示。

图 3-1 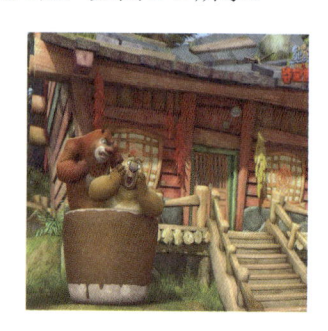   图 3-2

（2）与写实类动物造型相对的是写意类动物造型，这种类型的特点是，夸张变形较大，将动物的五官或四肢直接改成人类的肢体，甚至改变了动物原本的行为方式。写意类造型具有简化、抽象、符号化等特点，常常出现在面向低幼儿童的动画作品中。例如，《喜羊羊与灰太狼》中的动物造型如图3-3所示；《小猪佩奇》中的动物造型如图3-4所示。这些动物造型都通过简化的手法，将动物形象进行了夸张变形及简化处理，使用简单几条线条就绘制了一个活灵活现的动物卡通形象，这种动物形象的设计效果非常受低幼儿童的欢迎，也具有较好的识别度和形象推广度。

图 3-3    图 3-4

常见的动物插画可以分为哺乳类、鸟类、昆虫类。另外，还有如"蓝精灵""机器猫""皮卡丘"这类形象，有动物的特征、使用拟人化手法，但在现实中是很难找到完全一致的原型，我们暂且把这类形象归属于萌宠类。

（1）哺乳动物是恒温脊椎动物，一般分为头、颈、躯干、四肢和尾5部分。哺乳动物分布于世界各地，有地上、地下、水栖等多种生活方式，是动物发展史上最高级的阶段，也是与人类关系最密切的一个类群。哺乳动物基本都具有对称结构，因此这类动物在创作中最容易进行拟人化处理。例如，《猫和老鼠》中的猫和老鼠，如图3-5所示；《功夫熊猫》动画中的熊猫，如图3-6所示。它们都属于哺乳类动物，这种类型的动物在卡通造型设计中，最适合进行拟人化处理，动态、表情都可以复刻人类的行为特征，还能被赋予人类的性格特征，为观众带来欢愉。

图3-5　　　　　　　　　　　　　　　图3-6

（2）鸟类的身体均披羽、恒温，前肢成翼，有的退化，地球上的鸟类分为游禽、涉禽、攀禽、陆禽、猛禽、鸣禽六大类。鸟类与兽类在结构上有很大的区别，鸟类具有翅膀，喙尖而硬、行动轻巧灵活。例如，《里约大冒险》中的鸟类造型，其色彩鲜艳，动姿优美、形象，表情丰富，被赋予了人类的性格特点，如图3-7所示。

图3-7

在进行鸟类造型创作时，需要特别注重对喙和翅膀的拟人化处理，与哺乳类造型相比，鸟类造型在表情的刻画上具有一定的限制，可以适当使用一些夸张的手法，凸显角色的个性特征。

（3）昆虫的种类繁多、形态各异，属于无脊椎动物中的节肢动物，是地球上数量最多的动物群体，特指有两只触角、六条腿、两对翅的动物，最常见的昆虫有蝗虫、蝴蝶、蜜蜂、蜻蜓、苍蝇、草蜢、蟑螂等。因其体型小，不太容易表现，所以昆虫的角色在插画中通常作为配角。例如，《虫虫特工队》中的昆虫造型，采用了三维造型手法，对形象进行了夸张处理，色彩艳丽，又被赋予了人类的表情，如图 3-8 所示；《黑猫警长》中的昆虫造型，采用了写意的处理方式，简单夸张，色彩明快，如图 3-9 所示。

图 3-8　　　　　　　　　　　　　　图 3-9

创作昆虫造型需要把握昆虫的特征，对甲壳类、膜翅类、软体类、多足类等各类昆虫的主要特征进行观察和分析，提炼细节。

（4）萌宠类的动物形象与现实中某一种动物的形象类似，但又有较大的区别。有的是虚构的形象，如"蓝精灵"；有的是在现实形象的基础上做了较大的变化，如"机器猫""皮卡丘"，"皮卡丘"被认为是以龙猫和松鼠为原型的。这类角色自身有某种超人的能力或魔力，所以在形象设计上为了体现其特有的属性，往往与一般的动物有所不同。例如，《哆啦A梦》中的机器猫造型，是根据真实动物的特征虚构的卡通形象，它没有耳朵，有个具有神奇功能的口袋，并且拥有超人的能力，如图 3-10 所示。

图 3-10

3.1.2　动物运动规律

1. 常见动物的比例关系

在进行动物插画创作之前，首先需要对各类动物的比例关系进行了解，这样才能进一步使用拟人、夸张、变形等手法进行艺术创作。《疯狂动物城》中的角色设定如图 3-11 所示。

另外，动物和人类在运动时的区别在于前肢活动部位不同，如图 3-12 所示，动物前肢在运动过程中受力更多、弯曲幅度更大。

第 3 章 动物插画

图 3-11

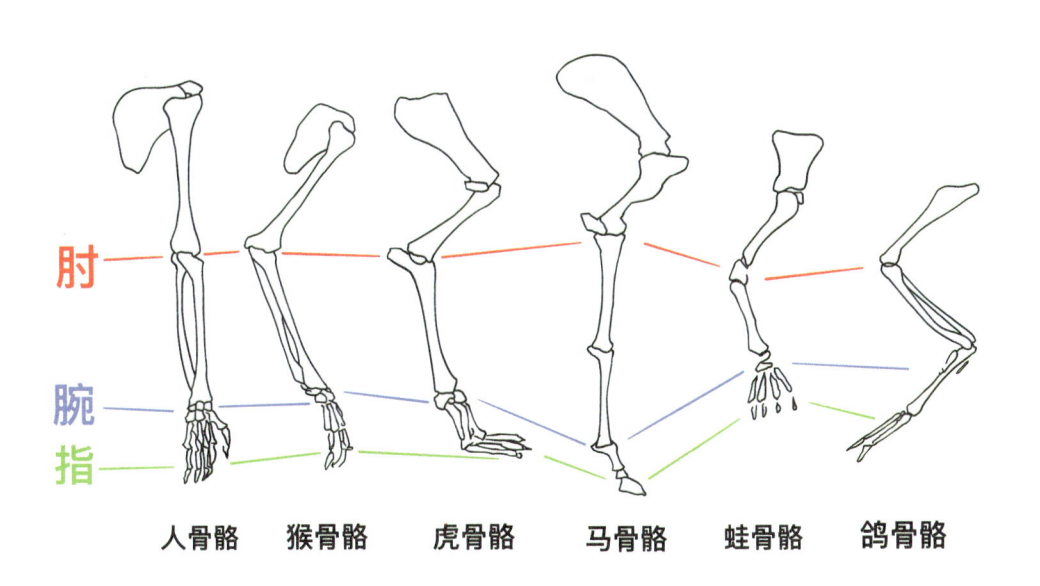

人骨骼　猴骨骼　虎骨骼　马骨骼　蛙骨骼　鸽骨骼

肘
腕
指

图 3-12

动物和人类的走路方式大不同，人类在走路时脚掌着地，而动物大多是用脚趾走路，如图 3-13 所示。

肘
腕
指

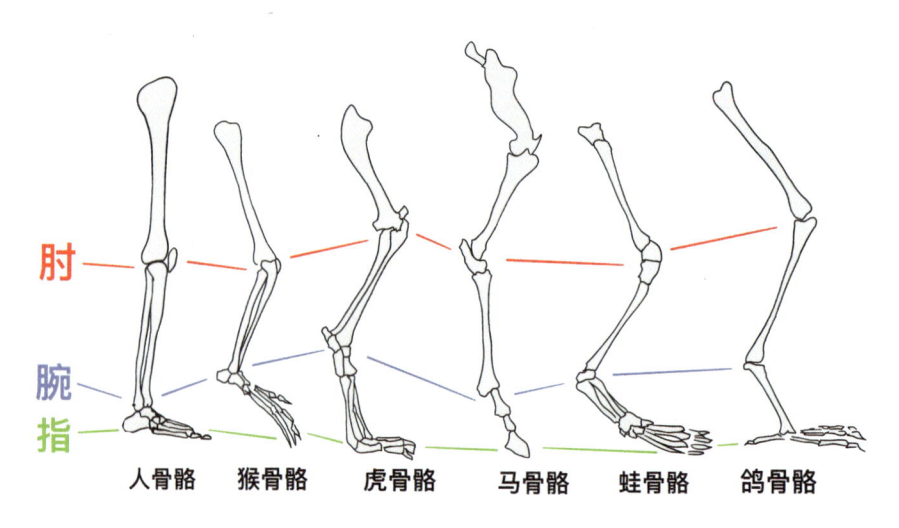

人骨骼　猴骨骼　虎骨骼　马骨骼　蛙骨骼　鸽骨骼

图 3-13

2. 动物的运动规律

动物的种类繁多，接下来对四足动物、鸟类和鱼类的运动规律进行讲解。

1）四足动物的运动规律

四足动物的运动过程相对比较复杂，因为它们在运动过程中需要移动前爪和后爪。如图 3-14 所示，从前爪和后爪的传递位置来看，在后肢过渡时，头部与胸部轻微下垂，与前腿相反。一般四足动物行走的运动循环规律是：在开始行走时，左前足先向前开步，对角线的右足就会跟着向前走，接着右前足向前走，左足跟着向前走。在绘制插画过程中，还需要注意身体重心的位置，一般将身体重心放在其他三只站在地上的脚所构成的三角形内。

（a）　　　　　　　　　　　　　（b）

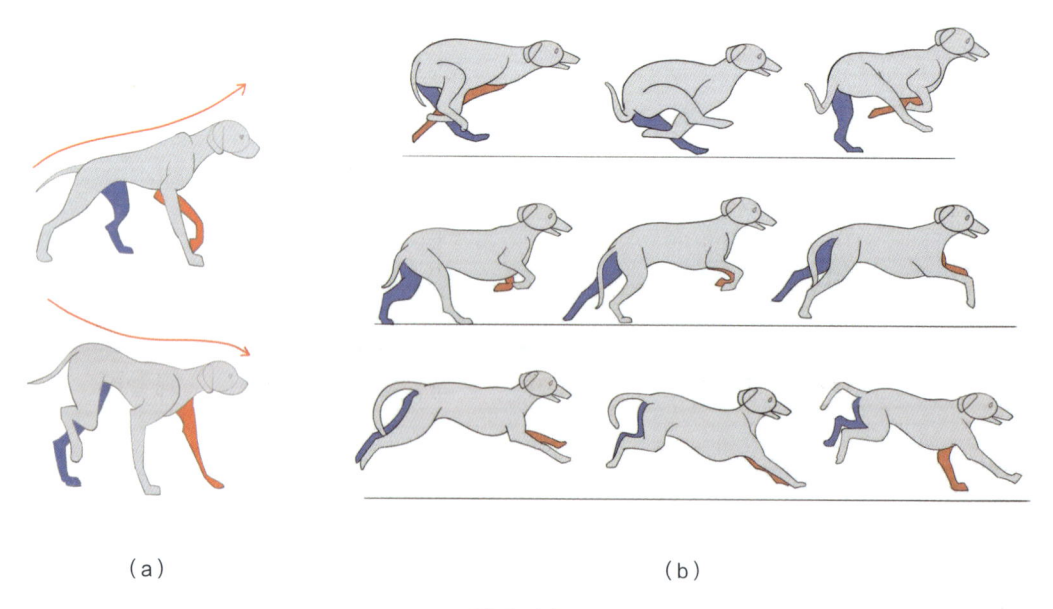

图 3-14

四足动物一个完整的步行或跑步周期取决于其体重、身高等因素，在插画创作中，不同体型的四足动物的运动规律会有一些细微的区别。不同类型的四足动物步行也有区别，例如，四足动物中的爪类动物（虎、狮、豹、狼、狐、熊、狗、猫等）在运动时与蹄类动物（牛、羊、马、鹿等）相比，关节运动轮廓没有那么明显。四足动物的跑分为小跑、快跑和奔跑，其运动规律与步行类似，只是频率更快，步调弹跳感更强。

2）鸟类的运动规律

　　鸟类身体呈流线型，在空中飞翔的动作的循环时间由体型决定，体型大的鸟比体型小的鸟动作慢。鸟在正常飞翔时翅膀向上向后扇动和向下向前扇动，向下向前扇动时翅膀张开幅度大，这样能够更加有力。在起飞时翅膀是比较收拢的，在飞行过程中翅膀有时处于展开状态，便于滑翔，如图3-15所示。

图3-15

3）鱼类的运动规律

　　大部分鱼类的运动是左右摆尾，在游动时躯干和尾部随着头部摆动而摆动，尾部的肌肉交替伸缩，形成摆动，以推动身体向前，尾部还用来控制方向，如图3-16所示。

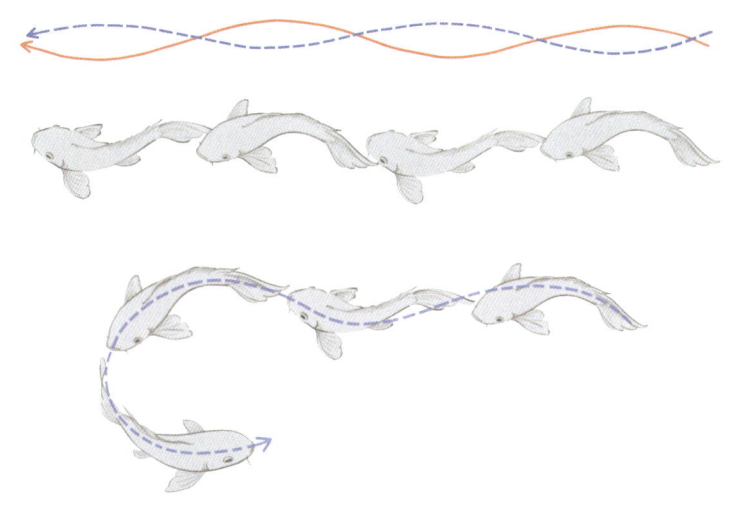

图3-16

Illustrator 插画设计

3.1.3 创作方法与思路

1. 写实类

写实类动物造型没有写意类动物造型的变化大、拟人度高，表情使用拟人化手法表达情感，肢体基本保留原始形象，最重要的是注意细节的刻画。

根据从网络上收集的大熊猫图片，也可以根据自行拍摄的图片，选择自己比较满意的动作角度，观察大熊猫的形象特点和动态特征，如图 3-17（a）所示。通过图片概括、提炼出大熊猫的典型特征：外表似熊，形象憨态可掬，全身由黑白两色毛发组成，四肢、眼睛、耳朵处毛发为黑色，其他造型都与大多数对称型哺乳动物类似，因此，只要把握好了以上特征，经过艺术加工，添加一些服装和动作，一个可爱的大熊猫形象就诞生了，如图 3-17（b）所示。

（a） （b）

图 3-17

依据以上创作方法，进行仓鼠的创作。图 3-18（a）为原图片，在此基础上进行动画造型矢量化处理，如图 3-18（b）所示。

（a） （b）

图 3-18

2. 写意类

写意类动物造型设计与写实类动物造型设计相比,创作者的发挥空间较大。与人物造型设计相似,对动物的特征充分进行拟人化的变形和夸张,可以借鉴第 2 章中提到的方法。

迪士尼的米奇这一形象带给大家很多快乐,老鼠是一个很好塑造的形象,可以是可爱、乖巧的,如图 3-19(a)所示,也可以是仗义的,如图 3-19(b)所示,还可以是邪恶、令人讨厌的,如图 3-19(c)所示,还可以设计为温和可爱的读书郎形象,如图 3-19(d)所示。

(a)　　　　　　　　　　　(b)

(c)　　　　　　　　　　　(d)

图 3-19

根据网络青蛙图片和青蛙的卡通形象,如图 3-20(a)和图 3-20(b)所示,对青蛙的外形特征元素进行分析和提取,塑造出一个社交达人的青蛙公主形象:高挑的身材,大眼红唇,傲娇的造型,头部、手部进行拟人化处理,如图 3-20(c)所示。

(a)　　　　　　　　　(b)　　　　　　　　　(c)

图 3-20

Illustrator 插画设计

3.2 创作实践

3.2.1 扁平化动物创作——萌鹿

案例训练要点。
（1）学习动物插画的创作；
（2）动物插画背景的处理。

1. 创作意图

以长颈鹿为主题进行绘制。背景的制作结合长颈鹿的生活环境与习性——干旱而开阔的稀树草原地带，以各种高树的叶子和枝丫为食。将其形象简化，头上有两只棒棒糖似的小角，大大的嘴巴，全身都布满了褐色的不规则的图形，如卡通人物般笨而可爱，让人亲近，令人倍感温馨。以适当的暖色装饰来活跃画面气氛，让画面生动活泼，如图3-21所示。

2. 制作步骤

第一步：绘制轮廓图。

在确定主题之后，在草稿纸上绘制草图。在草图绘制过程中，尽可能详细地绘制每一个细节，以便在绘制矢量图形的时候，节省更多的时间。

绘制完成后在菜单栏中选择"文件"→"置入"命令，在弹出的对话框中选择刚才扫描好的电子草图，置入电子草图并将其调整到合适大小。随后在"属性"面板中把置入的电子草图的"不透明度"调整为50%，单击"图层"面板中的"切换锁定"按钮锁定图层。

在电子草图图层上方新建图层，并在该图层上使用工具栏中的钢笔工具绘制整体的形状，注意动物的整个形态。绘制完成后单击"图层"面板中的"切换锁定"按钮解锁图层。随后删除电子草图图层，或者单击"图层"面板中的"切换可视性"按钮隐藏电子草图图层，这时界面中将只显示使用钢笔工具绘制的轮廓，如图3-22所示。

图 3-21

图 3-22

> **认识"图层"面板**
>
> 打开"图层"面板的方式是：在菜单栏中选择"窗口"→"图层"命令。在"图层"面板的左下角显示当前文档的图层总数。每个图层还可以包含嵌套的子图层。
>
> "图层"面板的使用方法：单击图层面板中的 🔒 按钮，能够锁定图层；单击 👁 按钮，能够隐藏图层；单击 ➕ 按钮，能够新建图层。

第二步：确定大体色调。

为了方便看出整体效果，先填充背景颜色，填充的颜色需要和萌鹿身体部分的颜色区分开，可以将 CMYK 色彩值设置为（C：56%、M：85%、Y：100%、K：42%），但背景的纹理需要与萌鹿身上的纹理相符合，如图 3-23（a）所示。确保这个图层在所有图层的最下面，并锁定该图层，以免在后续操作过程中移动、修改此部分，如图 3-23（b）所示。

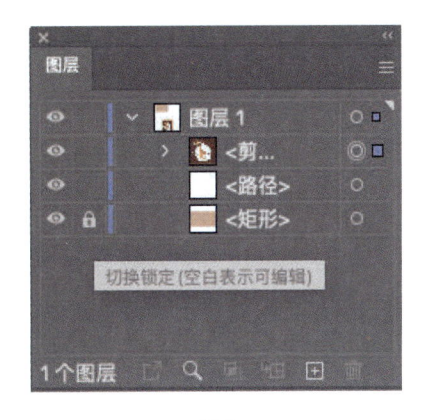

（a）　　　　　　　　　　　（b）

图 3-23

为萌鹿的身体填充颜色，可以将 CMYK 色彩值设置为（C：0%、M：52%、Y：80%、K：0%），在填充过程中需要注意色彩的分布。使用同样的方法选择不同的颜色填充萌鹿身上的斑点及其余装饰物，效果如图 3-24 所示。

第三步：细节调整。

为了使画面更加丰富生动，具有趣味感，需要为元素增加一些层次纹理，并进行个性化处理。例如，使用工具栏中的钢笔工具绘制树叶的浅色叶脉，效果如图 3-25（a）所示。也可以加入一些阴影、反光或高光。例如，使用工具栏中的钢笔工具沿花瓣下边缘绘制阴影形状，再填充较深的颜色作为花瓣的阴影，效果如图 3-25（b）所示。另外，在绘制细节的过程中，可以将同类元素进行编组，放入单独的图层，防止混淆细节和主体，也方便后期进行修改。

图 3-24

| （a） | （b） |

图 3-25

图形编组方法介绍

"编组"命令可以将需要保持大小、位置等联系的系列图形对象组合在一起，整体进行修改或位置的移动等操作。

图形编组的方法：选择需要组合的所有图形对象后，在菜单栏中选择"对象"→"编组"命令，或者右击，在弹出的快捷菜单中选择"编组"命令，或者按 Ctrl+G 组合键将对象编组。编组后，选中的所有图形对象将成为一个整体。此时，当我们对编组的图形对象执行移动、复制、旋转等命令，或者进行填充、描边、调整不透明度时，该编组内的所有图形对象都会随之改变。

在绘图过程中，如果需要单独修改编组中的某个图形对象，则可以使用工具栏中的编组选择工具进行选择。

如果想要解散编组对象，则可以在选择编组的对象后，在菜单栏中选择"对象"→"取消编组"命令，或者右击，在弹出的快捷菜单中选择"取消编组"命令，或者按 Shift+Ctrl+G 组合键取消编组。

操作提示

对图形对象进行编组不受图层的限制，可以选择不同图层的对象进行编组，但编组后的所有对象将在同一个图层中。

细节调整结束，就完成了萌鹿的绘制，最终效果如图 3-26 所示。

图 3-26

3.2.2 立体主义拼接动物创作——猩猩

案例训练要点。

学习立体主义色块拼接创作方法。

1. 创作意图

立体主义于 1908 年始于法国，由当时居住在巴黎蒙马特区的乔治·布拉克和毕加索建立。毕加索的油画《亚威农少女》（1907 年）被认为是第一幅包含了立体主义因素的作品。立体主义的艺术家追求碎裂、解析、重新组合的形式，形成分离的画面——以许多组合的碎片形态展现目标。使用立体主义的手法，将许多色块拼接在一起，组成一个猩猩的形态就是这幅插画创作的初衷，如图 3-27 所示。

2. 制作步骤

第一步：绘制轮廓图。

首先，根据立体主义对猩猩的形态结构进行分解，并使用工具栏中的钢笔工具绘制猩猩的轮廓，如图 3-28 所示。

第二步：确定大体色调。

接着，在绘制的轮廓内填充合适的颜色，先从大的色块和背景开始填充，填充之后的效果如图 3-29 所示。可以将背景的填充颜色的 CMYK 色彩值设置为（C：15%、M：19%、Y：68%、K：0%），身体的填充颜色的 CMYK 色彩值设置为（C：78%、M：83%、Y：90%、K：70%）、（C：45%、M：41%、Y：46%、K：0%）、（C：9%、M：6%、Y：25%、K：0%）、（C：66%、M：63%、Y：100%、K：27%）、（C：69%、M：69%、Y：76%、K：34%）。

第三步：刻画细节。

继续绘制小的色块，为大猩猩增加细节，如结构和阴影。需着重刻画猩猩的面部，尤其是眼睛、鼻子和耳朵，形状和色彩设置如图 3-30 所示。

Illustrator 插画设计

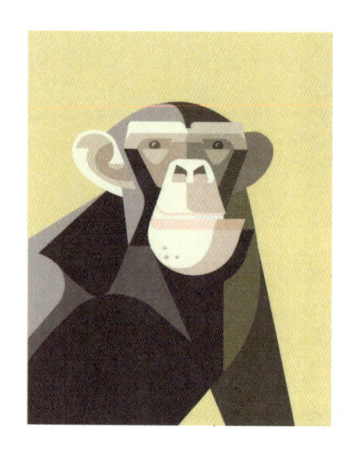

图 3-27

图 3-28

图 3-29

(a)

(b)

(c)

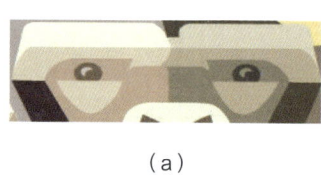

图 3-30

整体调整后，最终效果如图 3-31 所示。

图 3-31

3.2.3 手绘效果的插画创作——秃鹫巫婆

案例训练要点。
（1）学习手绘效果的动物插画创作方法；
（2）学习使用 Illustrator 的画笔工具、笔刷工具；
（3）学习使用 Illustrator 的画笔工具结合数位板绘制线稿。

1. 创作意图

以秃鹫为主题对象，通过对秃鹫素材的搜索发现，秃鹫的种类有很多，其中，"肉垂秃鹫"最符合秃鹫形象的定义，如图 3-32（a）所示。为了解秃鹫的形象特征，收集秃鹫的图片，方便从不同的角度来观察秃鹫。秃鹫的头部和颈部只有少量薄且细的绒羽，有些皮肤甚至是直接裸露在外的，而它们颈基部有长的黑色或淡褐色的皱翎。基于动物本身形象进行联想和构思，塑造拟人特征，秃鹫无论是在生活习性上还是在影视形象上都给人一种贪婪、邪恶的感觉，通常以反派形象出现，于是一位看起来贪婪且狡诈的秃鹫巫婆形象应运而生。秃鹫形象本身就给人贪婪且狡诈的感觉，因而我们将它的表情拟人化——一个奸诈的笑容可以更加突出它的性格，再给它添加一点头发和口红，并且突出这个反派角色的特征，效果如图 3-32（b）所示。

（a）　　　　　　　　　　　　（b）

图 3-32

2. 制作步骤

第一步：绘制轮廓图。

首先确定秃鹫的形象特点，然后使用工具栏中的画笔工具结合数位板描绘秃鹫的外形。画笔工具和数位板的结合能够使线稿更加灵活、生动，轮廓图效果如图 3-33 所示。轮廓图绘制完成后，将绘制好的轮廓线全部选中并右击，在弹出的快捷菜单中选择"编组"命令，为填充颜色做铺垫。

第二步：填充颜色。

这一步我们由上至下进行颜色填充。先对秃鹫的头部进行填充。方法是使用工具栏中的画笔工具在线稿图层上进行描画并填充颜色，底色不需要太过复杂，只需要给画面定下基调，如图 3-34 所示。需要注意的是，在填充颜色的过程中可能需要经过多次调色才能选择出最合适的颜色，此时我们可以将已经尝试过的颜色点在画板空白处进行记录和对比，如图 3-34 所示。

图 3-33　　　　　　　　　　　　　　　　图 3-34

接下来使用相同的方法为羽毛的边缘添加一些暗部和投影，如图 3-35（a）所示。将身体的大色块铺出来，如图 3-35（b）所示，这样初步上色就完成了。

（a）　　　　　　　　　　　　　　　　（b）

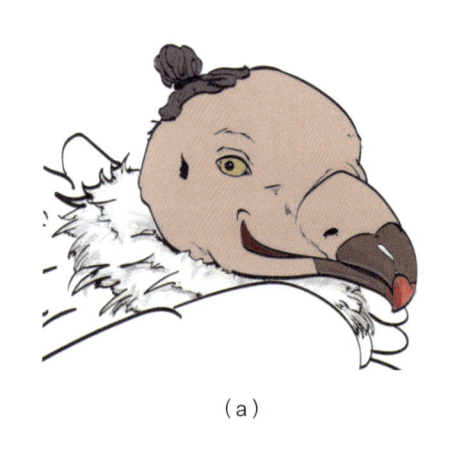

图 3-35

操作提示

在使用数位板填充颜色时，需要注意笔刷的选择和笔刷粗细的设置。为方便后期修改，建议在为不同的部位填充颜色时新建图层，并将填充颜色的图层置于描边图层下方。

第三步：刻画细节。

这一步主要使用工具栏中的画笔工具。在画笔类型的选择上，可以单击"属性"面板中"画笔"选项组的"画笔库菜单"按钮，打开"画笔库菜单"下拉列表，选择"毛刷画笔"→"毛刷画笔库"选项，在弹出的"毛刷画笔库"面板中根据需求选择合适的笔刷进行绘制。绘制方法是在底色的基础上选择更亮与更暗的颜色刻画秃鹫身体部分的明暗变化和一些羽毛上的细节，在绘制过程中可以适当地调整画笔的不透明度，使画面效果更加生动，如图 3-36 所示。

接着刻画秃鹫皱翎的细节。皱翎处的细节可以通过颜色深浅的变化和笔触方向、长短的改变，使刻画更轻松、更丰富，使皱翎处有羽毛的柔软，更加生动，但也要注意笔触不能太过随意，使其失去了形体，如图3-37所示。

图 3-36 　　　　　　　　　　　　　　图 3-37

随后刻画头发的细节。为了凸显秃鹫的巫婆形象，我们为它绘制一个辫子。秃鹫巫婆头发的刻画方法和皱翎处的一样，选择多种更亮和更暗的颜色丰富细节，为头发塑造立体感。但从其形象定位出发，它的头发应当是梳理整齐又并非是一丝不苟的，因此头发的细节刻画可以更加轻松一些，但仍然要顺着头发的主体方向进行，不能太过随意。头发绘制完成后还可以在其与头皮的交接处绘制阴影，如图3-38所示。

然后刻画面部的细节。我们对角色的设定是一个秃鹫巫婆，因此在对皮肤的刻画上可以选择一些黯淡的颜色，对阴影的控制精细度小一些以体现秃鹫的老态。其中，秃鹫皮肤暗面颜色不均匀的处理方式就是一种体现，如图3-39所示。

前文说过，秃鹫的头部和颈部只有少量薄而细的绒羽，因此我们可以再在秃鹫的头发周围添加一些细碎的毛发，这些细碎且凌乱的小毛发可以使秃鹫的形象多了一丝"邋遢"，使其更加生动，如图3-40所示。

图 3-38 　　　　　　图 3-39 　　　　　　图 3-40

喙部的细节要以严谨为主，因为喙部是坚硬且形状规则的，所以可以为其增加高光和暗部，高光可以做出光滑且坚硬的质感，以增强立体感与质感，如图3-41所示。

接下来刻画眼睛。眼睛的刻画是很重要的，巫婆的眼睛总是有些浑浊的，可以选择多种颜色和画笔顺着秃鹫的瞳孔进行绘制,得到一种杂乱又不失明亮的效果,如图3-42所示。

处理皱纹和亮面。与皱翎一样,皱纹也是规则且多变的,笔触同样可以轻松一些,顺着秃鹫眼部的形状及明暗的变化进行刻画。因为秃鹫巫婆是暗淡的,因此可以在"属性"面板中适当降低亮面画笔的不透明度,使色调更加暗淡,如图3-43所示。

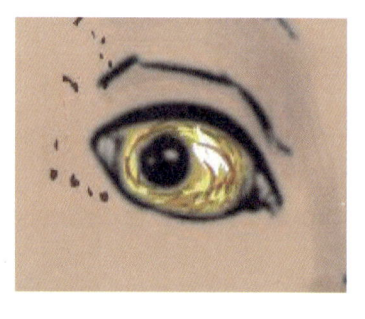

图 3-41　　　　　　图 3-42　　　　　　图 3-43

最后,在秃鹫的背部薄薄地涂上一层较浅的颜色使其虚化,使结构更加分明,如图 3-44 所示。

这样,秃鹫巫婆就完成了,如图 3-45 所示。

图 3-44　　　　　　　　　　图 3-45

3.2.4　Q版动物造型设计——袋鼠先生

案例训练要点。

(1)学习动物 Q 版卡通造型的设计;

(2)复习路径查找器的使用方法,学习使用 Illustrator 的复制与原地粘贴工具。

1. 创作意图

在设计动物袋鼠的 Q 版卡通造型时,首先需要了解袋鼠的特点。袋鼠的两只前爪比较短,脖子以下的部分比较健硕,如图 3-46(a)所示。在创作时,可以将动物拟人化,使得袋鼠看起来更加有趣。同样地,为了突出袋鼠的可爱,不能将袋鼠画得太高,所以将袋鼠的形象设计成矮矮胖胖的样子。尾巴起到平衡画面的作用,弯曲得有些俏皮的尾巴更能凸显袋鼠的灵动,不至于使得画面看起来过于死板,如图 3-46(b)所示。

(a)   (b)

图 3-46

2. 制作步骤

第一步:绘制背景。

打开软件,新建一个文档。首先我们先绘制背景。使用工具栏中的矩形工具绘制一个和画板大小相等的矩形,将填充颜色的 CMYK 色彩值设置为(C:19%、M:17%、Y:13%、K:0%),在"属性"面板的"外观"选项组中将描边颜色设置为"无",如图 3-47 所示。在菜单栏中选择"窗口"→"图层"命令,打开"图层"面板。在"图层"面板中,单击"切换锁定"按钮将当前图层锁定,以便在接下来的绘制过程中背景图层不会干扰其他图层。如果不想看见背景图层的颜色,则可以单击"图层"面板中背景图层前的"切换可视性"按钮隐藏图层。

图 3-47

第二步：绘制轮廓图。

单击"图层"面板右下方的"新建图层"按钮，新建一个图层，在新建的图层上使用工具栏中的钢笔工具并结合数位板绘制袋鼠的 Q 版形象，如图 3-48 所示。

第三步：绘制主体部分。

使用工具栏中的钢笔工具根据第二步绘制的草图绘制袋鼠主体部分的轮廓并填充颜色，在"属性"面板的"外观"选项组中将描边粗细设置为 3pt，各部分填充颜色的 CMYK 色彩值为：帽子（C：77%、M：61%、Y：35%、K：0%）；身体（C：4%、M：3%、Y：44%、K：0%）；尾巴（C：53%、M：67%、Y：85%、K：14%）；边框颜色（C：66%、M：82%、Y：98%、K：57%），效果如图 3-49 所示。

图 3-48

图 3-49

操作提示

需要注意的是，在使用钢笔工具时需要头尾在同一个锚点，形成一个封闭的区间，才可以填充颜色。同时，由于填充颜色的顺序不同，可能导致尾巴在身体之前的问题，这时可以选中形状并右击，在弹出的快捷菜单中选择"排列"命令，以改变画面中色块的顺序。

第四步：绘制四肢。

这里我们既需要将袋鼠的前爪和身体区分开，又需要使爪子的颜色不显得突兀，所以我们将袋鼠胸前部分的颜色调成尾巴和身体颜色中和后的颜色。

先使用工具栏中的钢笔工具将胸前和爪子画成一个封闭图形，然后填充颜色，CMYK 色彩值为（C：39%、M：53%、Y：69%、K：0%）。再用工具栏中的画笔工具绘制爪子的形状，在"属性"面板中将描边粗细设置为 1pt，CMYK 色彩值设置为（C：66%、M：82%、Y：98%、K：57%）。

同理，为了区分两只后爪和身体，使用工具栏中的画笔工具进行适当的描边。使用工具栏中的钢笔工具绘制尾巴、前爪、肚子和脚下的阴影形状，在"属性"面板的"外观"选项组中将描边颜色设置为"无"，并在原有颜色的基础上改变颜色的明度，如图 3-50 所示，使袋鼠的形象看起来更加立体。

第五步：绘制五官。

首先绘制眼睛。眼睛选择豆豆眼，这样更能体现出袋鼠的呆萌。使用工具栏中的椭圆工具，按住 Shift 键，拖曳出一个正圆，并填充为黑色。再用同样的方法绘制一个略小的白色正圆，并将两个正圆重叠放置，如图 3-51 所示。同时选中两个正圆，使用 Ctrl+C 组合键复制，使用 Ctrl+F 组合键原地粘贴，这样我们就得到了两只眼睛。

接下来绘制眉毛。使用工具栏中的椭圆工具绘制一个正圆，在"属性"面板的"外观"选项组中将填充颜色设置为黑色，描边颜色设置为"无"。再复制、粘贴这个正圆，如图 3-52 所示进行排列。为了方便控制形状，可以使用两种不同的颜色进行填充。

图 3-50　　　　　　图 3-51　　　　　　图 3-52

先使用工具栏中的选择工具，在按住 Shift 键的同时单击这两个正圆，将它们选中，然后在菜单栏中选择"窗口"→"路径查找器"命令，在弹出的"路径查找器"面板中单击"减去顶层"按钮，如图 3-53（a）所示。这样我们就得到了一个弯弯的月牙，如图 3-53（b）所示。使用工具栏中的删除锚点工具，将一端端点位置的锚点删除，并使用工具栏中的锚点工具，使其变得圆润，再调整其在脸上的位置即可。

（a）　　　　　　　　　　　　　　（b）

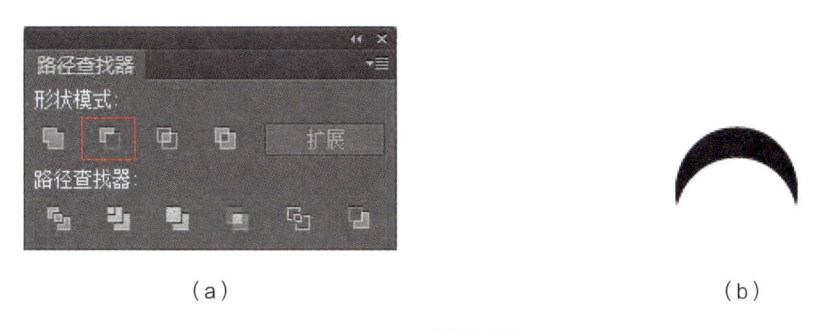

图 3-53

接着绘制鼻子。与眉毛的绘制方法相似，先使用工具栏中的椭圆工具绘制两个相同的正圆，然后调整两个正圆的位置，使其相交。再使用工具栏中的选择工具同时选中这两个正圆，在按住 Shift 键的同时单击这两个正圆，将它们选中，在菜单栏中选择"窗口"→"路径查找器"命令,在弹出的"路径查找器"面板中单击"联集"按钮,如图3-54所示,将新生成形状的CMYK色彩值设置为(C:9%、M:8%、Y:6%、K:0%)。

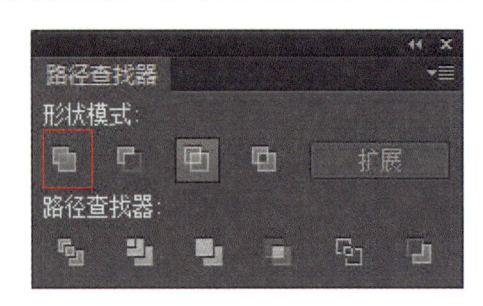

图3-54

"路径查找器"面板中的"形状模式"功能

"路径查找器"中的"形状模式"功能可以快速将两个重叠的路径进行拼合,共提供了4种拼合方式,分别对应4个按钮,如图3-54所示。下面对4个按钮及其功能进行介绍。

1. "联集"按钮

单击"联集"按钮,可以使形状区域相加,即将多个重叠的对象合并为一个新的对象,并将重叠部分的轮廓线删除。需要注意的是,如果形状区域的颜色不同,则新形状的颜色与合并前最上层形状区域的颜色相同。

2. "减去顶层"按钮

单击"减去顶层"按钮,可以使形状区域相减,即将两个重叠对象中位于顶层的对象路径删除。如果两个形状区域的颜色不同,则新形状的颜色与位于底层的对象的颜色相同。

3. "交集"按钮

单击"交集"按钮,可以得到形状区域的交集,即保留两个重叠对象相交的区域,删除不相交的区域。如果两个形状区域的颜色不同,则新形状的颜色与位于顶层的对象的颜色相同。

4. "差集"按钮

单击"差集"按钮,可以得到形状区域的差集,与"交集"按钮的功能相反,即删除两个重叠对象相交的区域,保留不相交的区域。如果两个形状区域的颜色不同,则新形状的颜色与位于顶层的对象的颜色相同。

第六步:绘制装饰物。

为袋鼠绘制领带和徽章。

先绘制领带。使用工具栏中的画笔工具绘制领带的领结。使用工具栏中的矩形工具绘制一个矩形作为领带的下半部分,并使用工具栏中的直接选择工具将矩形拉成一个瘦长的菱形。使用同样的方法绘制领带上的黄色花纹,黄色花纹的CMYK色彩值为(C:11%、M:31%、Y:64%、K:0%),领带绘制完成后的效果如图3-55所示。

最后绘制徽章。使用工具栏中的多边形工具绘制一个五边形并填充为黑色，描边颜色选择与领带花纹相近的亮黄色，并使用工具栏中的选择工具压缩五边形的纵向长度。保持五边形的选中状态，在菜单栏中选择"对象"→"变换"→"缩放"命令，在弹出的"比例缩放"对话框中设置缩放数值，如图 3-56（a）所示。单击"复制"按钮，得到一个较小的五边形，填充与描边颜色相同的亮黄色。将两个五边形摆放到合适的位置，最终效果如图 3-56（b）所示。

图 3-55

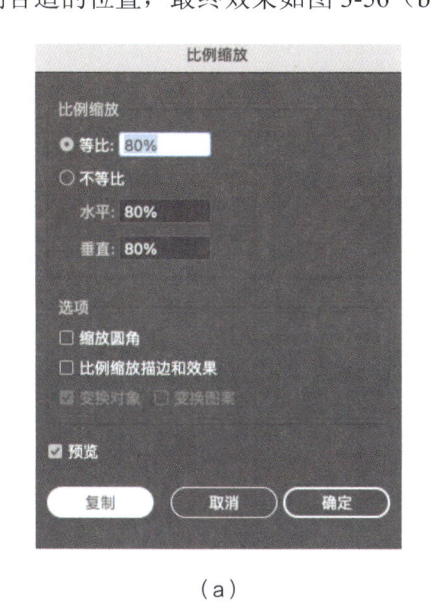

（a） （b）

图 3-56

3.2.5 立体主义插画创作——孙悟空三打白骨精

案例训练要点。
（1）学习立体主义风格插画的创作方法；
（2）学习色彩对比处理。

视频学习

1. 创作意图

本节创作的插画的创意来自孙悟空三打白骨精这个故事。选择两个人物，使用鲜艳活泼和暗淡沉静的两种色调来表现孙悟空和白骨精这两个人物形象，使用几何图形概括、凝练人物形态，加上光影的配合、色彩的强烈对比，体现立体主义风格，如图 3-57 所示。

2. 制作步骤

第一步：绘制轮廓图。

使用工具栏中的钢笔工具绘制孙悟空和白骨精的大致形状，完成人物线稿部分，如图 3-58 所示。绘制时要注意突出表现人物的特征，把握好孙悟空"打"这个动作的动态感。

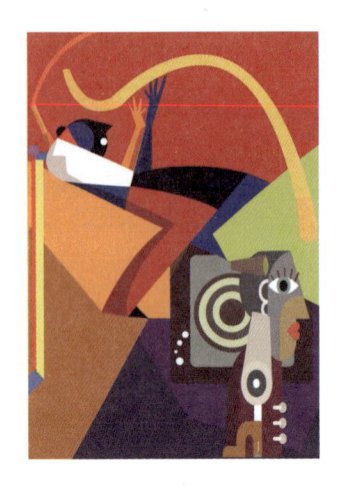

图 3-57 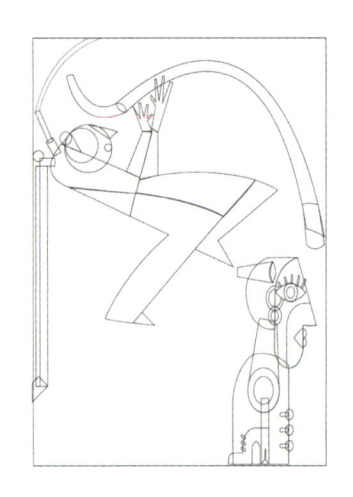　　　　　　　　　　　　　　图 3-58

第二步：填充颜色。

先为线稿填充颜色，再将描边颜色设置为"无"，如图 3-59 所示。注意孙悟空和白骨精的填充颜色在纯度和明度上要形成对比，使用不同的颜色来表现人物不同的性格。

第三步：刻画细节。

使用工具栏中的矩形工具绘制一个和画板大小相同的矩形，并填充相应的颜色作为背景，如图 3-60 所示。

图 3-59 　　　　　　　　　　　　　　图 3-60

为主要人物添加阴影以丰富画面。为孙悟空增加阴影细节，白骨精可以简单带过，如图 3-61 所示。

第四步：修改整体。

使用工具栏中的钢笔工具将背景切割成几个大块，并填充颜色。填充时要注意颜色的变化，因为孙悟空和白骨精两个人物形象不同，所以周边背景色块的颜色要能体现他们各自的形象。在白骨精的周围增加两个暗面，能更好地将两个人物区分开，如图 3-62 所示。

第 3 章 动物插画

图 3-61

图 3-62

3.2.6 带场景的多个动物创作——大熊猫的日常

案例训练要点。
（1）学习多个动物形象插画的创作方法；
（2）学习多个动物角色与场景的组合搭配。

视频学习

1. 创作意图

大熊猫作为我国的国家级保护动物，具有呆萌、憨厚的特点。通过查找大熊猫图片和视频资料，观察大熊猫的长相及行动，抓住大熊猫的动态特点。将大熊猫的行为拟人化，使其看起来更加生动、活泼、可爱，如图 3-63 所示。

图 3-63

2. 制作步骤

第一步：绘制轮廓图。
首先使用铅笔在纸上绘制草图，如图 3-64 所示。
然后根据草图，使用工具栏中的钢笔工具绘制大熊猫的大概形态，并做基本的定位，如图 3-65 所示。

Illustrator 插画设计

图 3-64

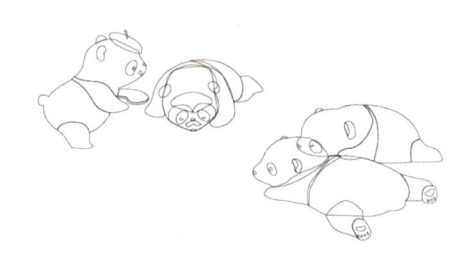

图 3-65

第二步：绘制背景。

使用工具栏中的矩形工具绘制一个矩形作为地板，并使用工具栏中的渐变工具为其填充径向渐变，在"渐变"面板中设置相应的颜色，如图 3-66（a）所示，并调整不透明度，效果如图 3-66（b）所示。

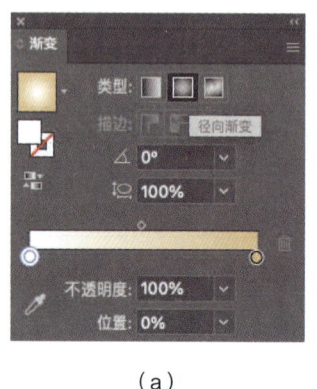

（a） （b）

图 3-66

操作技巧

打开"渐变"面板的快捷键：Ctrl+F9 组合键。

接着绘制插画上半部分的背景。使用工具栏中的矩形工具绘制纯白色背景，在菜单栏中选择"窗口"→"画笔"命令，弹出"画笔"面板，单击"画笔"面板左下角的"画笔库菜单"按钮，在弹出的下拉列表中选择"艺术效果"→"水彩"选项，颜色的 CMYK 值为（C：42%、M：0%、Y：33%、K：0%），形成一个墙面，如图 3-67 所示。

第三步：绘制动物主体及装饰物。

分几个图层在草图的基础上分别为大熊猫的主体部分填充基本颜色，填充后的效果如图 3-68 所示。

使用工具栏中的钢笔工具绘制散落的图书，并填充相应的颜色，效果如图 3-69 所示。

使用工具栏中的钢笔工具绘制颜料板、画笔等小装饰物，并将其摆放到合适的位置，效果如图 3-70 所示。

图 3-67 　　　　　　　　　　　　图 3-68

图 3-69 　　　　　　　　　　　　图 3-70

第四步：调整细节。

在菜单栏中选择"窗口"→"画笔"命令，弹出"画笔"面板，单击"画笔"面板左下角的"画笔库菜单"按钮，在弹出的下拉列表中选择不同的艺术笔刷，完成细节部分，如地面的纹理和背景的花朵，可以根据个人审美进行设计，完成后的效果如图 3-71 所示。

图 3-71

画笔类型介绍

常用的画笔主要有 5 种。

（1）书法画笔：书法画笔绘制的路径是模拟书法笔的笔尖呈某个角度，沿路径中心进行绘制的。

（2）散点画笔：散点画笔绘制的路径，是由一个对象的多个副本沿路径形状分布组成的。

（3）艺术画笔：艺术画笔绘制的路径，画笔形状或对象形状会根据路径长度的变化均匀拉伸。

（4）图案画笔：图案画笔绘制的路径，是由某个图案依照路径形状重复拼贴组成的。图案画笔最多可以含有图案的边线、内角、外角、起点和终点5种拼贴。

（5）毛刷画笔：毛刷画笔绘制的路径，是高度还原自然画笔外观的画笔描边。

提示

散点画笔和图案画笔的应用效果相似。两者之间的差别是：散点画笔的图案会沿路径呈散点状分布，而图案画笔的图案会完全沿路径分布。

3.2.7 表现天气的肌理处理创作——风雨中的老鼠们

案例训练要点。

（1）学习肌理效果的表现方法；

（2）学习使用 Illustrator 的颗粒、龟裂纹、粗糙蜡笔等效果工具做肌理效果。

1. 创作意图

通过 Illustrator 运用动物 Q 版的卡通造型及艺术肌理效果营造出动物和特殊的环境效果。首先通过图片分析老鼠的外形特点：老鼠的脸比较尖，耳朵大而圆。其次在进行设计时采用拟人化的处理手法，将老鼠的身子拟人化。场景是深秋时节，老鼠们都穿上了厚厚的棉衣，戴着帽子和围巾，如图 3-72 所示。

图 3-72

2. 制作步骤

第一步：绘制色块。

绘制插画的大色块，包括蘑菇林、各种老鼠的形象。首先使用工具栏中的钢笔工具绘制外形，然后选择相应的颜色进行填充，确定画面的主色调和动物的大致形态，如图 3-73 所示。

第二步：丰富细节。

在上一步的平面化色块上对细节进行细化，包括秋天的落叶、蘑菇上的花纹、蘑菇柱上的阴影，以及小老鼠的围巾、帽子、鞋子、自行车等内容。仍然使用工具栏中的钢笔工具绘制轮廓，并填充颜色，如图 3-74 所示。

第三步：添加肌理效果。

添加肌理效果，开始尝试绘制底色背景和蘑菇的各种肌理效果。首先将填充方式调整为"渐变",加深投影暗部等颜色并适当调整不透明度。使用工具栏中的渐变工具,先选中需要修改颜色的对象,再单击"属性"面板中"渐变"选项组的 按钮,打开"渐变"面板,设置颜色。图3-74中蘑菇顶部及左一、左二老鼠上衣的渐变设置如图3-75(a)所示,图3-74中左一老鼠头部的渐变设置如图3-75(b)所示,图3-74中左二老鼠头部的渐变设置如图3-75(c)所示,图3-74中右一、右二老鼠头部的渐变设置如图3-75(d)所示。

图 3-73

图 3-74

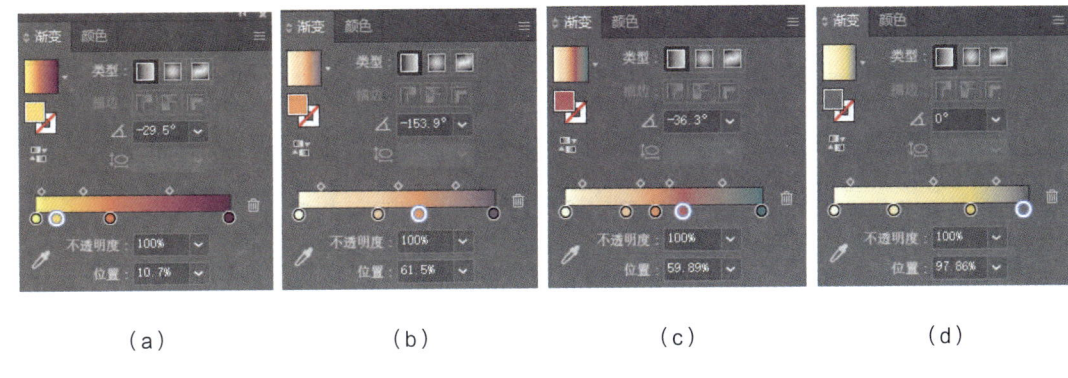

(a) (b) (c) (d)

图 3-75

下面开始添加肌理效果,具体操作为:选中蘑菇、地面等背景元素,在菜单栏中选择"效果"→"纹理"→"颗粒"命令,在弹出的对话框中,将"颗粒类型"设置为"斑点"。重复上述操作,将"颗粒类型"设置为"水平",如图3-76(a)所示,将两种肌理效果叠加。效果如图3-76(b)所示。

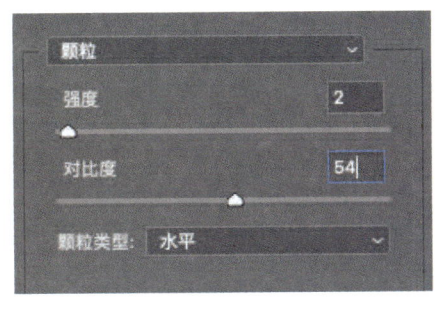

(a) (b)

图 3-76

Illustrator 插画设计

继续添加肌理效果。为秋叶添加肌理效果，在菜单栏中首先选择"效果"→"艺术效果"→"彩色铅笔"命令，然后选择"效果"→"艺术效果"→"粗糙蜡笔"命令进行刻画；蘑菇斑点首先使用工具栏中的画笔工具进行绘制，然后在菜单栏中选择"效果"→"模糊"→"高斯模糊"命令，就会有外发光的效果；小老鼠的上衣、裙子、帽子、鞋使用"彩色铅笔""涂抹棒""粗糙蜡笔""水彩"进行效果叠加；蘑菇头使用"彩色铅笔""龟裂纹""粗糙蜡笔"进行效果叠加，部分参数设置如图3-77（a）、图3-77（b）、图3-77（c）、图3-77（d）、图3-77（e）所示，使用后的效果如图3-77（f）所示。

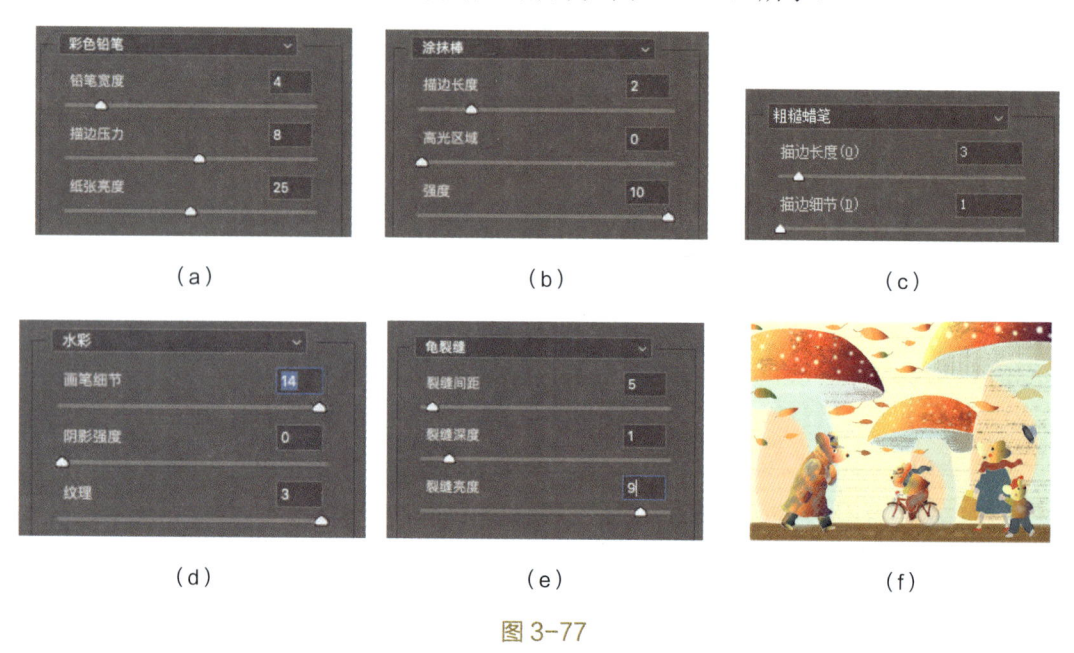

（a）　　　　　　　　　（b）　　　　　　　　　（c）

（d）　　　　　　　　　（e）　　　　　　　　　（f）

图 3-77

常用的艺术效果滤镜介绍

在菜单栏中选择"效果"→"艺术效果"命令，在"艺术效果"菜单中即可选择需要的滤镜。

（1）彩色铅笔滤镜：彩色铅笔滤镜可以使图像看上去好像是使用彩色铅笔在纯色背景上绘制出来的。该滤镜可以保留重要的边缘，外观呈粗糙的阴影线，纯色背景色透过比较平滑的区域显示出来。选择对象后，在菜单栏中选择"效果"→"艺术效果"→"彩色铅笔"命令，弹出"彩色铅笔"对话框，在该对话框中可以对相关属性进行设置，如图3-77（a）所示。"彩色铅笔"对话框中的选项如下。

- 铅笔宽度：调节铅笔线条的宽度，数值越高，线条越粗。
- 描边压力：调节铅笔的压力效果，数值越高，线条越粗犷。
- 纸张亮度：调节画纸纸色的明暗程度。

（2）涂抹棒滤镜：涂抹棒滤镜使用较短的对角线条涂抹图像中暗部的区域，从而柔化图像，亮部区域会因变亮而丢失细节。选择对象后，在菜单栏中选择"效果"→"艺术效果"→"涂抹棒"命令，弹出"涂抹棒"对话框，在该对话框中可以对相关属性进行设置，如图3-77（b）所示。"涂抹棒"对话框中的选项如下。

- 描边长度：调节图像中产生的线条的长度。
- 高光区域：调节图像中高光的范围，数值越高，被视为高光区域的范围越广。
- 强度：调节高光的强度。

（3）粗糙蜡笔滤镜：粗糙蜡笔滤镜可以使图像看上去好像是用彩色蜡笔在带纹理的背景上描绘出来的。选择对象后，在菜单栏中选择"效果"→"艺术效果"→"粗糙蜡笔"命令，弹出"粗糙蜡笔"对话框，在该对话框中可以对相关属性进行设置，如图3-77（c）所示。"粗糙蜡笔"对话框中的选项如下。

- 描边长度：调节画笔线条的长度。
- 描边细节：调节线条的细腻程度。

（4）水彩滤镜：水彩滤镜可以简化图像的细节，改变图像边界的色调和饱和度，使图像产生水彩画的效果。当边缘有显著的色调变化时，此滤镜会使颜色更加饱满。选择对象后，在菜单栏中选择"效果"→"艺术效果"→"水彩"命令，弹出"水彩"对话框，在该对话框中可以对相关属性进行设置，如图3-77（d）所示。"水彩"对话框中的选项如下。

- 画笔细节：调节画笔的精确程度，数值越高，画面越精细。
- 阴影强度：调节暗调区域的范围，数值越高，暗调范围越广。
- 纹理：调节图像边界的纹理效果，数值越高，纹理效果越明显。

接着丰富画面的视觉效果，如小老鼠的脸上腮红使用"羽化""高斯模糊""彩色铅笔"效果；使用书法圆点笔刷在老鼠妈妈的裙子上绘制一些图案，将色彩调整为"渐变效果"；围巾上的波点圆点图案和鼠宝宝牛仔裤的亮部肌理效果，使用各种粉笔、炭笔、铅笔笔刷，在"属性"面板中调整不透明度，并使用"彩色铅笔"效果。完成效果如图3-78所示。

图3-78

操作提示

画面肌理效果的设置仅供参考，在制作过程中，根据具体画面效果的需要，可以选择不同的肌理效果，调节合适的参数。

3.2.8 多种类型动物的组合场景创作——森林乐队

案例训练要点。

（1）学习动物与人物组合插画的创作方法；

（2）学习使用 Illustrator 的散点笔刷，以及自带炭笔效果的笔刷工具。

1．创作意图

森林的深幽与神秘感使其中的动物也蒙上了神秘色彩，《森林乐队》插画中的动物以具有灵性与神秘感的大象为主体。轻快的音乐表现可以减弱深幽的森林给人带来的压抑感。

该插画的构想是让笔下的小动物们组成一个森林乐队，踩着香樟种子，在森林的小路上，边唱歌边玩耍。为了表现森林的神秘感，可以在画面中加入一些灵动的元素，如森林精灵等，创作出一幅活泼、灵动、可爱的插画，如图 3-79 所示。

图 3-79

2．制作步骤

第一步：绘制轮廓图。

使用工具栏中的画笔工具绘制轮廓图，尽量在轮廓图中将想要展现的内容都表达出来，如图 3-80 所示。

第二步：确定色调。

这一步是主要对动物、背景进行大色块的铺垫，还需要考虑整体画面色彩的搭配，具体颜色可以参考图 3-81。

图 3-80

图 3-81

第三步：刻画细节。

有了上一步的铺垫，这一步对毫无立体感和细节的动物、人物进行细致的刻画。此步骤主要使用工具栏中的渐变工具进行渐变填充，使色块颜色产生过渡自然的渐变效果，增强动物和人物的立体感，如图 3-82 所示。

　　　　　（a）　　　　　　　　　　　　　　　（b）

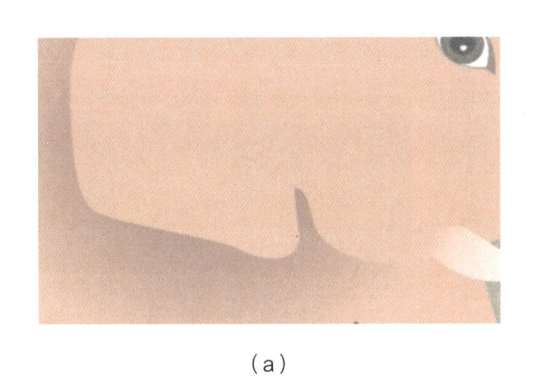

图 3-82

　　这一步还需要对动物的衣服进行细致的刻画，为衣服增加图案纹理以丰富画面。使用工具栏中的钢笔工具先绘制形状，再填充颜色。也可以在菜单栏中选择"窗口"→"符号库"命令，弹出"符号库"面板，直接使用符号库中的符号进行装饰，效果如图 3-83 所示。

　　第四步：氛围塑造。

　　前几步都是对画面中的动物和人物进行的刻画，相比之下，背景有些过于简单和单调了，画面环境氛围的营造略有失衡。所以在这一步中，着重对森林气氛与感觉进行塑造。这里不再使用工具栏中的钢笔工具，而是使用更为自然和流畅的画笔工具，对画面中的绿色植物进行塑造。同时，注意"近实远虚"的规律，为近处的小动物和植物添加较为丰富的效果，远处的树和背景只进行简单的处理，使其不会抢前面主体物的光彩。在对绿植的塑造过程中同时注意要选择明度、纯度较低的颜色，从而体现远近感、空间感，如图 3-84 所示。

图 3-83　　　　　　　　　　　　　　　图 3-84

　　插画已经基本绘制完成，最后为了使画面更加丰富，需要为画面整体增加一些肌理细节，以体现起初构想中想要展现的"森林精灵"的概念。在菜单栏中选择"窗口"→"画笔库"→"艺术效果_粉笔炭笔铅笔"命令，弹出"艺术效果_粉笔炭笔铅笔"面板，从中选择合适的笔刷，并不断调节笔刷的描边颜色和宽度，十分自然地绘制出树的肌理效果，使画面更加完整，如图 3-85 所示。

(a)　　　　　　　　　(b)　　　　　　　　　(c)

图 3-85

完成后的整体效果如图 3-86 所示。

图 3-86

3.3　习作欣赏点评

3.3.1　怪兽形象

怪兽形象有偏近动物形象特征的，也有偏近人的形象特征的，在创作过程中拥有极大的想象和创作空间。在颜色的使用上可以更大胆、有别于常规的颜色，如图 3-87 所示。

(a)　　　　　　　　　　　　　　(b)

图 3-87

3.3.2 写意类动物造型

写意类动物造型可以根据动物自身的特性设计拟人化的形象。例如，狼给人的感受是凶狠、残暴的，根据这个特点，使用拟人化的手法设计出一个劫匪的形象，如图3-88所示；猴子给人的感受是易亲近、可爱顽皮的，根据这个特点，使用拟人化的手法设计出在神游中的猴子形象，如图3-89所示。

图 3-88   图 3-89

3.3.3 对称动物造型

大多数动物都是对称的，简单的对称造型容易出现呆板的现象，半立体的处理方式可以赋予动物形象立体感，通过高饱和度的色彩搭配，增添动物形象的趣味感，如图3-90所示。

图 3-90

3.3.4 手绘肌理效果

很多动物自带一些肌理纹理，如动物毛发的光泽度不同，可以给人带来不同的感受。通过 Illustrator 自带的滤镜效果，可以为动物增添各种丰富的肌理效果，使动物形象富有手绘感，增强视觉表现力，如图3-91所示。

| (a) | (b) |

图 3-91

3.3.5 仿三维效果

二维绘图方法做出三维效果是目前较常用的一种方法，这种方法的关键在于使用好渐变工具及掌握基本的立体原理。图 3-92 中的小鸡造型，就是使用二维软件工具绘制三维效果的案例。

除了掌握基本工具的使用方法，五官各元素之间的协调关系也很重要，眼睛、鼻子、嘴巴、眉毛之间的层级关系对立体感的体现起到了重要的作用，如图 3-93 所示。

图 3-92    图 3-93

3.3.6 扁平化风格的动物造型

扁平化风格设计常用于网页界面设计，扁平化风格设计具有不使用特效、使用明度高的色彩、使用最简方案的特点，扁平化风格的动物造型设计适用于面向低幼儿童的卡通形象设计，如图 3-94 所示。

（a） （b）

（c） （d）

图 3-94

3.3.7 具有幽默感的动物造型

每种动物都具有自身的特性，如狐狸是狡猾的、小白兔是乖巧的、猴子是机敏的、狼是凶残的……通常我们在创作中，会将动物固有的特性融入构思，如图 3-95 所示。图 3-95 中的浣熊造型设计就充分展示了浣熊的特点，其融入了幽默诙谐的手法，使形象变得生动起来。

（a） （b）

图 3-95

3.3.8 具有装饰性的动物造型

动物的形体结构复杂,如果将其形体拆分成简单的几何图形,将获得意想不到的效果。如图 3-96(a)所示,将动物形态设计为机械部件,一条机械鱼便出现了,周边使用几何图形表现的鱼儿与其形成了鲜明的简与繁的对比。绘制螃蟹的轮廓图,将其内部设计成对称的二维纹样,别具一格的装饰画就完成了,如图 3-96(b)所示。

(a) (b)

图 3-96

为小狗小猫做形态与颜色的提取和概括,周边环境及物品色调相互配合,具有很强的装饰性,如图 3-97 所示。

图 3-97

如图 3-98 所示,同样是以猫狗为题材的插画,但此插画只刻画了动物的头部,并很好地表现了动物的表情特征,背景以与猫狗饮食习惯相关的骨头作为连续纹样装饰,构成了四格装饰画。

如图 3-99 所示,猫与鸟使用夸张的手法表现,幽默诙谐生动,黑色调又隐隐透露着异域装饰风。

图 3-98　　　　　　　　　　　　　　　　图 3-99

3.3.9　组合类动物

《小虎的生日派对》插画如图 3-100 所示。画面中有各个动物形象，使用扁平化的风格，纯净的色调，表现了温馨欢快的生日场景。画面布局错落有致，动物表情刻画生动，场景氛围渲染较好。

图 3-100

如图 3-101 所示的《火烈鸟与少女》插画是人物、动物和植物的组合。画面和谐，具有较强的装饰趣味，不同色相、明度的背景给人的感觉是不一样的。

| Illustrator 插画设计

（a） （b）

图 3-101

课后练习

（1）收集动物动态资料，选择自己喜爱的动物形象进行插画创作，突出动物的动态、表情、性格等特征。

（2）分别创作哺乳类、鸟类、昆虫类动物插画，并增加必要的情节。

第 4 章　场景插画

【教学目标】

本章的教学目标是掌握场景插画创作的基本创作要素和原理，熟练运用 Illustrator 中的笔刷工具、滤镜工具为建筑物添加肌理效果，掌握场景及建筑的透视原理，掌握基本的构图方法，注重比例关系、色调和空间的处理，能够独立进行场景插画的创作。

【教学重点和难点】

本章的教学重点是场景插画的创作和设计及对空间的理解；难点是 Illustrator 中相应工具的使用。

【实训课题】

围绕以下主题创作插画。

（1）以一部动画电影或文学中的场景为创作来源，创作一幅插画，参考《蜗牛和玫瑰树》《豌豆上的公主》。

（2）围绕"回家过年""圣诞快乐"的主题创作插画，突出场景的氛围感，可以适当增添人物及相关物品。

（3）以"旅游度假"为主题创作一幅插画。要求：场景具有明确的地域特色。

（4）临摹特色景观、建筑群。

4.1 场景插画创作要素

4.1.1 场景插画的构成元素

动漫场景包括很多元素，在动画片和漫画书中，除了角色，其他内容几乎都可以被称为场景。人物角色、内容不同，在动漫场景中呈现的景物也不同。通常场景会随着故事情节的推动而变化。上海交通大学的陈贤浩教授将动漫场景的结构从写实结构、平行结构两个角度进行理解。写实结构是以真实世界为原型的场景建构方式。这样的场景还原了现实世界，在一定的夸张变形的基础上，对客观情景进行还原。平行结构是以平面图案的形式设置场景的方式。这种形式的背景在二维动漫中比较常见，以平面图案叠加的方式表达前、中、远景。如图4-1（a）所示，这是《千与千寻》中的一张场景图，属于写实结构场景，街道刻画细致，一条沿街的店铺体现了透视结构。《小猪佩奇》中的场景如图4-1（b）所示，尽管画面中的高低床有一点透视效果，但从整体上分析，这张图属于平行结构场景，因为图中大部分的物件以平面图案叠加的方式表现。

（a）  （b）

图4-1

一般场景构成元素中包含的内容较多，有建筑、道路、植被、家具等。动漫场景又可以根据其表现手法分为写实性场景和抽象性场景。写实性场景通常可以更好地还原现实世界。在写实性场景中，有表现自然天气气候的元素，表现植被的元素，还有对街道的还原。这些场景都是对生活的还原，来源于真实生活。有些动漫与插画场景是高度的概括和抽象，这种场景被称为抽象性场景。抽象性场景的色彩纯粹、线条和造型简洁。另外还有科幻类场景、小清新类场景等，题材不同，场景风格也不同。战斗手游《权力与荣耀》中的场景如图4-2所示，该场景使用了写实的手法，拉开了画面中的景物的层次。

图4-2

4.1.2 场景插画的建构方法

场景与空间关系密切,空间就像一个大的立方体容器,能够装入场景中的所有内容。在空间中,场景具有三维的即视感,需要遵循空间原理,根据故事情节进行绘制,明确各物体之间的比例关系,如图 4-3(a)所示。室内空间与室外空间的原理是一样的,都可以将空间想象成一个立方体。空间中有时需要展现很多物品,需要注意前后、虚实、疏密之间的关系,不能将所有物品无序地堆积,也不能违背基本的平衡、均匀等造型规律。有的场景对视角的要求比较高,如俯视、仰视的场景,如图 4-3(b)所示。在创作时可以借助辅助软件(如 3ds Max、SketchUp 等)来确保透视比例的准确性。

(a)　　　　　　　　　　(b)

图 4-3

在横向场景中,摄像镜头通过平移的方式讲故事,这种类型的场景比较常见。纵向场景一般表现街道比较多。如图 4-4(a)所示的《伦敦飞行之旅》,这幅插画体现了横向场景的特征,按照从左到右的顺序展现故事情节。如图 4-4(b)所示,这幅插画体现了纵向场景的特征,按照从上到下的顺序展现故事情节。

(a)　　　　　　　　　　(b)

图 4-4

4.1.3 场景插画的透视与景别

透视在场景中非常重要,将场景中的主要物体看成一个整体,遵循一般的透视原理。

(1)画框与取景。将我们眼睛所看到的景物想象成是通过一个长方形的画框取景而来的,画框的位置或人的视线位置发生变化,所呈现的景物也会不同。

(2)视平线与灭点。视平线是透视的专业术语之一,就是与创作者眼睛平行的水平线。视平线决定被画物体的透视斜度,当被画物体高于视平线时,透视线向下斜,当被画物体低于视平线时,透视线向上斜。不同高低的视平线可以产生不同的效果。视平线对画面起着一定的支配作用。灭点是在线性透视中,两条或多条代表平行线线条向远处地平线伸展直至聚合的点。画面中可以有一个或多个灭点,这取决于构图的坐标位置和方向。灭点可能都落在地平线上,也可能都落在画面外的延伸线上,如图4-5所示。

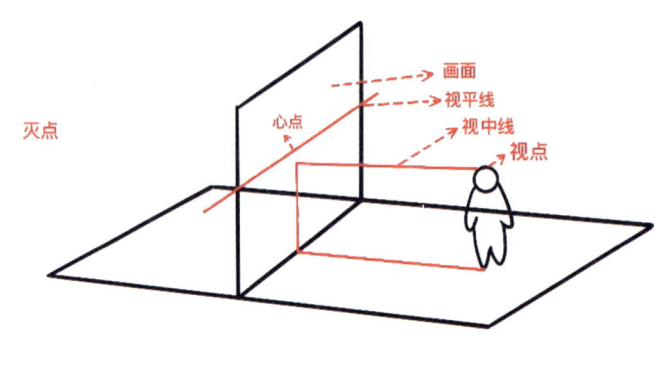

图4-5

透视分为平行透视、成角透视、三点透视。

平行透视也被称为一点透视,在透视制图中最常用。由于物体与画面间相对位置的变化,它的长、宽、高三组主要方向的轮廓线,与画面可能平行,也可能不平行,这样的透视被称为一点透视。简单说就是任何物体都会消失于一个灭点,如图4-6所示。

成角透视也被称为二点透视。与一点透视相比,二点透视有两个灭点,是景物纵深与视中线成一定角度的透视,景物的纵深因为与视中线不平行而向主点两侧的灭点消失,如图4-7所示。

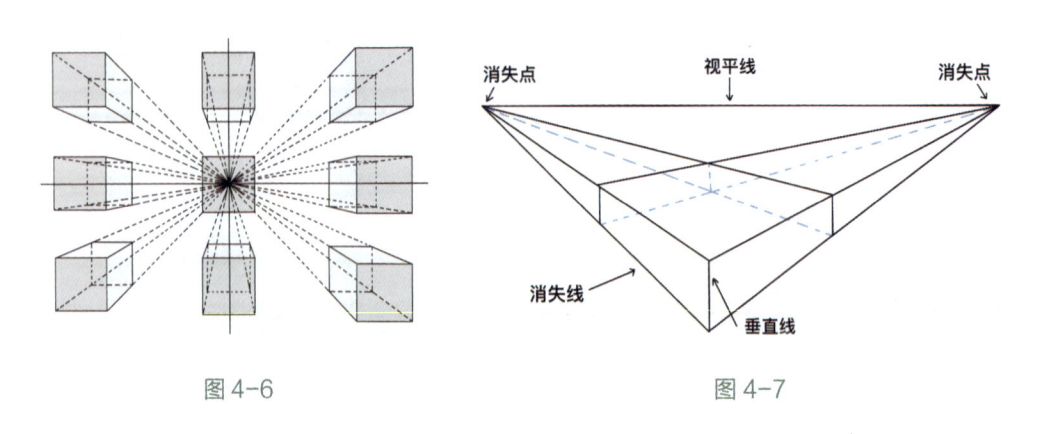

图4-6   图4-7

三点透视是一种绘图方法，一般用于超高层建筑，以及俯瞰图、仰视图。第三个消失点必须和画面的主视线保持垂直，必须使其和视角的二等分线保持一致。如图4-8所示。

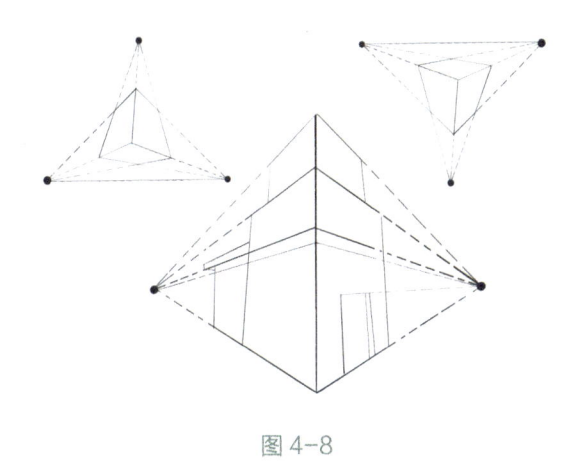

图 4-8

景别是指由于摄影机与被摄物体的距离不同，造成的被摄物体在摄影机寻像器中所呈现出的范围大小的区别。景别一般可以分为特写、近景、中景、全景、远景。交替地使用各种不同的景别，可以增强插画的表现力，从而增强插画的艺术感染力。如图4-9（a）所示的对眼睛的特写刻画。《千与千寻》中画面的近景如图4-9（b）所示，中景如图4-9（c）所示，全景如图4-9（d）所示，远景如图4-9（e）所示，均较好地诠释了各种景别的差别。

（a）

（b）

（c）

（d）

图 4-9

（e）

图 4-9（续）

4.2 创作实践

4.2.1 具有三维立体感的店铺创作——CAT咖啡店

案例训练要点。

(1) 学习立体效果店铺插画的创作；

(2) 掌握透视绘画方法，同色系色调的处理方法。

视频学习

1. 创作意图

《CAT 咖啡店》以柜台为主体环境，主角在柜台后迎接客人光临，创作灵感主要来自近期大受欢迎的猫咪咖啡厅经营类手游，主要表现了咖啡店猫老板和它细心经营的小咖啡店，如图 4-10 所示。

2. 制作步骤

第一步：绘制轮廓图。

在确定主题之后，使用手绘本、铅笔和橡皮，参考各种相关案例，在手绘本上绘制与主题相关的元素，以激发灵感，如图 4-11 所示。绘制完成后将草图扫描为电子图片并保存在计算机中。

图 4-10　　　　　　　　　　　　　　　图 4-11

在菜单栏中选择"文件"→"置入"命令，在弹出的对话框中选择刚才扫描好的电子草图，置入电子草图后调整到合适的大小。

在"属性"面板中将置入的电子草图的"不透明度"调整为50%。随后单击"图层"面板中的"切换锁定"按钮锁定图层。

使用工具栏中的钢笔工具，在已经锁定的电子草图上绘制外形轮廓。绘制完成后单击"图层"面板中的"切换锁定"按钮解锁图层。随后单击"图层"面板中的"切换可视性"按钮隐藏电子草图图层，这时页面将只留下使用钢笔工具绘制的轮廓，如图4-12所示。

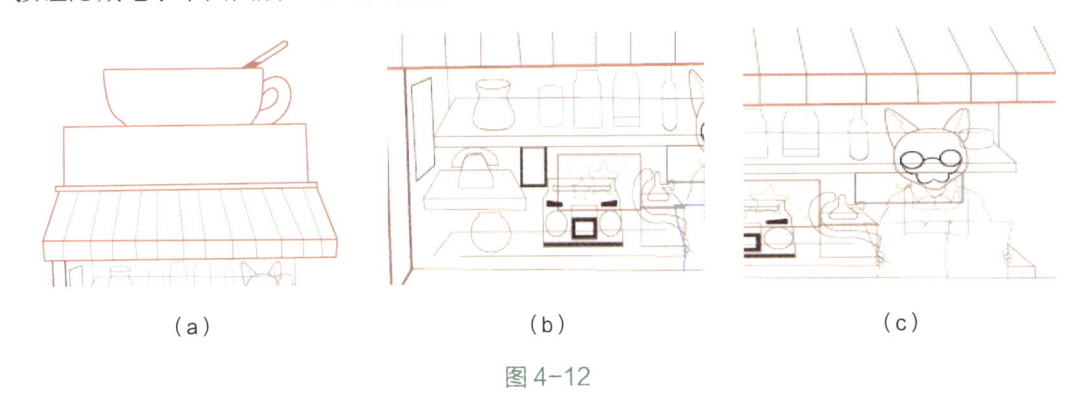

（a）　　　　　　　　　　　（b）　　　　　　　　　　　（c）

图 4-12

第二步：确定大体色调。

先使用工具栏中的选择工具全选刚才画好的闭合线稿，然后使用工具栏中的实时上色工具单击所选择的部分，随后使用选择工具单击空白处取消选中，这时线稿已经变为实时上色组。选择颜色，单击线稿闭合区域为线稿填充颜色，在填充颜色时应注意插画的整体风格，不宜太过花哨，颜色搭配如图4-13所示。

第三步：处理细节。

接下来处理细节，以面包的绘制为例，绘制成果如图4-14所示。

具体操作流程为：使用工具栏中的钢笔工具，单击空白处生成锚点，绘制面包的外形轮廓和内部装饰纹理。在菜单栏中选择"窗口"→"描边"命令，打开"描边"面板，在"描边"面板中调整合适的线条，参数设置如图4-15所示。

Illustrator 插画设计

（a）

（b）

（c）

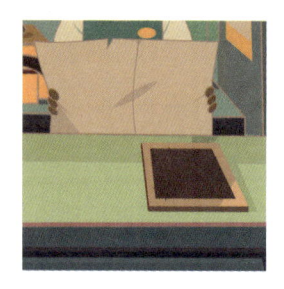

（d）

图 4-13

图 4-14

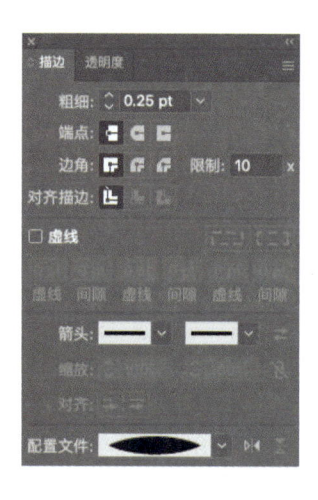

图 4-15

认识"描边"面板

"描边"面板是设置除描边颜色外，描边其他属性的面板，包括描边的粗细、端点、边角、对齐描边、虚线等。"描边"面板的打开方式是：在菜单栏中选择"窗口"→"描边"命令，如图 4-15 所示。

"描边"面板中各项属性的功能及设置方法如下。

（1）"粗细"属性：设置描边线条的宽度。创作者可以通过单击左侧的上下箭头调节描边线条的宽度，也可以单击右侧的下拉按钮，从下拉列表中选择一个数值，或者直接在文本框中输入数值来确定描边线条的宽度。

（2）"端点"属性：设置描边路径的端点形状类型。端点形状类型有3种，在"描边"面板中，从左到右分别为"平头端点"按钮■、"圆头端点"按钮■和"方头端点"按钮■。在绘图过程中，先选中需要修改端点形状类型的路径，然后单击"描边"面板中的按钮，路径的端点形状类型就会发生改变。

（3）"边角"属性和"限制"参数：设置路径转角处描边的连接形状。边角形状类型有3种，在"描边"面板中，从左到右分别为"斜接连接"按钮■、"圆角连接"按钮■和"斜角连接"按钮■。在绘图过程中，首先选中需要设置边角形状的路径，打开"描边"面板，随后可以直接单击左侧的"边角"按钮来修改路径的边角连接形状，也可以通过调节右侧的"限制"参数来控制路径的边角连接形状。

（4）"对齐描边"属性：设置填色范围边线与路径之间的相对位置。位置类型有3种，在"描边"面板中，从左到右分别为"使描边居中对齐"按钮■、"使描边内侧对齐"按钮■和"使描边外侧对齐"按钮■。选择需要设置对齐描边的路径，单击需要的对齐按钮即可。

（5）"虚线"属性：设置路径虚实线断类型。勾选"虚线"复选框，可以将实线描边转换为虚线描边，并且可以通过下方的文本框输入虚线的长度和间隔的长度，设置不同的虚线效果。

操作技巧

打开"描边"面板的快捷键：Ctrl+F10 组合键。

随后选择面包中需要填充颜色的区域，使用工具栏中的径向渐变工具，在"渐变"面板中调整合适的径向渐变颜色，为面包需要填充颜色的区域填充颜色，参数设置如图4-16所示。

按照前述面包的绘制方法，完成其他部分的细节处理，这样作品就完成了，如图4-17所示。

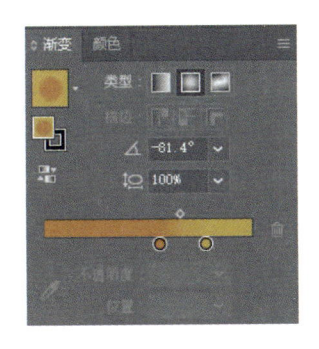

图 4-16　　　　　　　　　　图 4-17

4.2.2 动物与场景的结合创作——迁·徙

案例训练要点。
（1）学习动物与场景的插画创作；
（2）冷暖色调处理。

1. 创作意图

"秋天来了，天气凉了，大雁南飞了。"这是一首遥远的儿歌，唱的是在季节变化的时候，候鸟为了生存而向南迁徙。现在，人们已经很少关注大雁排成人字形南飞的景象了，因为我们自己也在迁徙。每年的春运期间，车站、码头、机场到处都是人头攒动。都说鸟儿会随季节的变化而迁徙，巧合的是，我们现在的迁徙和候鸟一样也是季节性的，也是为了生存而迁徙。临近放假，不免觉得自己也好似一只身在异乡的候鸟，渴望着归途，所以结合自身经历及感受，这次插画创作的动物对象是候鸟，场景为候鸟结伴迁徙的途中，采用比拟的手法，将候鸟比拟成在归途中的人，不再是南飞，而是徒步迁徙，创作主题为"迁·徙"。如图 4-18 所示。

图 4-18

2. 制作步骤

第一步：绘制轮廓图。

首先，使用手绘本、铅笔和橡皮，绘制与创作主题"迁·徙"相关的元素，绘制完成后将草图扫描为电子图片并保存在计算机中。随后在菜单栏中选择"文件"→"置入"命令，在弹出的对话框中选择刚才扫描好的电子草图，置入电子草图后将其调整到合适的大小。在"属性"面板中将其"不透明度"设置为 50%。

单击"图层"面板中的"切换锁定"按钮锁定图层,使用工具栏中的钢笔工具在已经锁定的电子草图上绘制外形轮廓。

绘制完成后单击"图层"面板中的"切换锁定"按钮解锁图层。单击"图层"面板中的"切换可视性"按钮隐藏电子草图图层,这时界面中将只留下使用钢笔工具绘制的轮廓。

第二步:确认颜色。

在开始之前,我们需要确定画面中使用的颜色。根据前期构思及最终画面效果选择理想的颜色搭配。选择合适的颜色搭配后,在后面的制作过程中通过工具栏中的吸管工具取色填充就可以了,这样可以节约时间,也可以使最终画面的颜色更加和谐。

场景为白雪皑皑的环境,色调以灰色调为主,我们搭配的场景颜色如下。

如图4-19(a)所示,CMYK色彩值从左到右分别为(C:36%、M:9%、Y:18%、K:0%)、(C:53%、M:29%、Y:26%、K:0%)、(C:66%、M:42%、Y:39%、K:0%)、(C:72%、M:58%、Y:52%、K:4%)。

如图4-19(b)所示,CMYK色彩值从左到右分别为(C:57%、M:19%、Y:39%、K:0%)、(C:81%、M:45%、Y:63%、K:2%)、(C:82%、M:42%、Y:64%、K:1%)、(C:85%、M:56%、Y:71%、K:17%)。

(a) 　　　　　　　　　　　(b)

图4-19

为突出动物主题,动物使用较明亮鲜艳的颜色,我们搭配合适的动物颜色如下。

如图4-20(a)所示,CMYK色彩值从左到右分别为(C:9%、M:15%、Y:60%、K:0%)、(C:8%、M:49%、Y:44%、K:0%)、(C:7%、M:64%、Y:25%、K:0%)、(C:17%、M:93%、Y:79%、K:0%)。

如图4-20(b)所示,CMYK色彩值从左到右分别为(C:65%、M:7%、Y:12%、K:0%)、(C:79%、M:44%、Y:9%、K:0%)、(C:85%、M:58%、Y:34%、K:0%)、(C:96%、M:100%、Y:49%、K:20%)。

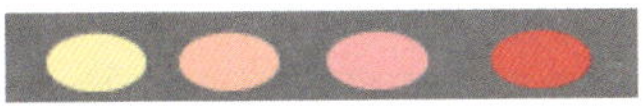

(a) 　　　　　　　　　　　(b)

图4-20

第三步:填充颜色。

在绘制远景轮廓时,远景以简单的建筑轮廓为主,使用工具栏中的钢笔工具,由整体到局部进行描边。先绘制大致轮廓,再对细节进行精细刻画。在完成外形轮廓的绘制后,可以隐藏之前的草图,如图4-21所示。

在绘制中景部分时,使用工具栏中的钢笔工具,绘制较复杂的楼房建筑外形,随后使用工具栏中的椭圆工具绘制空中飘落的雪花,以烘托气氛,如图4-22所示。

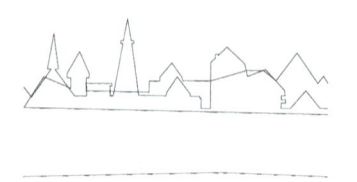

图 4-21 　　　　　　　　　　　　　图 4-22

操作技巧

在使用工具栏中的椭圆工具绘制形状时，可以通过键盘按键的辅助，提高绘制的效率和准度。例如，按住 Shift 键并拖动鼠标指针，可以绘制圆形；按住 Alt 键并拖动鼠标指针，绘制的椭圆将以鼠标指针落点为中心点向外扩展；同时按住 Shift+Alt 组合键并拖动鼠标指针，可以绘制以鼠标指针落点为圆心向四周扩展的圆形；按住 Alt 键并单击画板，弹出椭圆绘制对话框，可以以在对话框中设置参数的方式绘制椭圆，椭圆的中心点同样为鼠标指针的落点。

在绘制近景部分时，同样使用工具栏中的钢笔工具，绘制动物主体候鸟的轮廓，如图 4-23 所示。

在填充颜色时，在协调画面的整体色调感觉的情况下，做到颜色的分布平衡，背景颜色可参考第二步——根据前期构思及最终画面效果选出理想的颜色搭配。

具体操作如下。

先在菜单栏中选择"文件"→"置入"命令，在弹出的对话框中选择颜色搭配，置入颜色搭配后将其调整到合适的大小。然后单击需要填充颜色的对象，使用工具栏中的吸管工具在已经选择好的颜色搭配上吸取颜色后，即可直接填充颜色。

填充颜色后如图 4-24 所示。

图 4-23 　　　　　　　　　　　　　图 4-24

动物主体颜色如图 4-25 所示。

图 4-25

第四步：刻画细节。

逐步添加画面背景元素，对动物主体进行细节刻画，加强画面的氛围，使整体画面更加丰富多样，如图 4-26 所示。

（a）　　　　　　　　　　　　　　　（b）

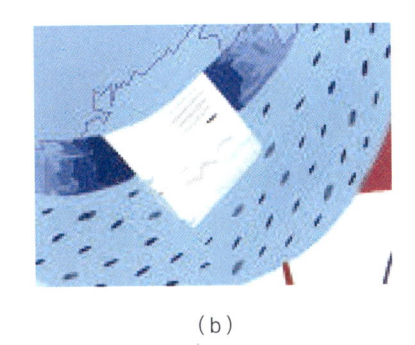

图 4-26

使用工具栏中的钢笔工具简单绘制候鸟的脚掌。候鸟的脚掌虽然呈简单的线状，但是通过不同的形状可以从细节刻画候鸟的性格，适当添加脚掌的阴影使画面更加生动，具有真实感，添加阴影的具体操作如下。

绘制完成脚掌的线条后，复制一个同样的脚掌轮廓放在阴影处，在"属性"面板中将脚掌阴影的"不透明度"调整为 50%，完成脚掌阴影的刻画。

脚掌细节刻画如图 4-27（a）所示，全部细节刻画完成后的效果如图 4-27（b）所示。

（a）　　　　　　　　　　　　　　　（b）

图 4-27

第五步：整体调整。

细节刻画完成后，我们开始丰富画面。参考上述步骤，在整体画面的基础上适当添加一些装饰性元素，使整个画面更加个性化。例如，添加松树，如图4-28（a）所示；添加屋檐积雪，如图4-28（b）所示。虽然是很普通的装饰，但是可以使场景更具有真实性，更加丰富生动且有趣味性，画面整体也更加协调，以烘托出温馨的气氛。

（a）　　　　　　　　　　　　（b）

图4-28

最终效果如图4-29所示。

图4-29

4.2.3 扁平化风格街头场景创作——城市街景

案例训练要点。

（1）学习扁平化街景插画的创作；

（2）掌握成角透视绘画方法，建筑与巴士细节的处理。

1. 创作意图

该插画选择了街头场景一角，运用成角透视原理，绘制一幅城市街景。画面中表现的是由电轨巴士和拐角商业楼构成的某个小城市街景，使用几何图形将现实中的建筑、巴士、落雪等元素进行概括，抽象化处理，并使用鲜亮的颜色，将这些元素组合在一起，形成扁平化风格的城市街景，如图 4-30 所示。

图 4-30

2. 制作步骤

第一步：绘制轮廓图。

在进行街头的绘制时，我们可以选择自己拍摄的照片或收集的素材照片，根据照片绘制草图，得到自己想要的画面效果。

在菜单栏中选择"文件"→"置入"命令，在弹出的对话框中选择刚才扫描好的电子草图，置入电子草图后将其调整到合适的大小。

在"属性"面板中将置入的电子草图的"不透明度"设置为50%。随后单击"图层"面板中的"切换锁定"按钮锁定图层，以便绘制外形轮廓。

使用工具栏中的钢笔工具，在已经锁定的电子草图上绘制外形轮廓。绘制完成后单击"图层"面板中的"切换锁定"按钮解锁图层。随后单击"图层"面板中的"切换可视性"按钮隐藏电子草图图层，这时界面中将显示使用钢笔工具绘制的轮廓，如图 4-31 所示。

图 4-31

直线段工具和弧线工具的基本介绍

在使用 Illustrator 绘制图形的过程中，我们经常使用工具栏中的钢笔工具和铅笔工具来绘制形状，但为更精准地绘制线条，直线段工具和弧线工具也是不可或缺的。下面对直线段工具和弧线工具的功能和使用方法进行简要说明。

1. 直线段工具

直线段工具用来绘制各种方向的直线路径。

使用方法：首先在工具栏中选择直线段工具 。然后确定直线段的起点，将鼠标指针移动到画板空白处或需要绘制线段的位置，当鼠标指针变为 状态时，按住鼠标左键即可完成起点的绘制。最后将线段拖曳至合适的长度，确定线段的终点位置，释放鼠标左键，即可绘制一条直线段。

2. 弧线工具

弧线工具用来绘制各种曲率和长度的弧线。

在工具栏中选择弧线工具 ，在画板中可以看到鼠标指针变为 状态。在起点处按住鼠标左键并进行拖曳，拖曳至适当的长度后释放鼠标左键，即可绘制一条弧线。

操作技巧

1. 直线段工具操作快捷键

（1）如果在确定起点后，还需要调整起点的位置，则可以在按住鼠标左键的同时，按住空格键，拖曳鼠标指针，直线就可以随着鼠标指针移动。

（2）在绘制直线时按住 Shift 键，可以控制直线段的角度为 0°、45° 或 90°。

2. 弧线工具操作快捷键

（1）在绘制弧线时按住 Shift 键，绘制的弧线的 X 轴与 Y 轴的长度相等。

（2）按 ↑ 或 ↓ 键可以增加或减少弧线的曲率半径；按 C 键可以使弧线类型在开放路径和闭合路径之间切换；按 F 键可以改变弧线的方向；按 X 键可以使弧线在"凹"和"凸"曲线之间切换；按住空格键，弧线可以随着鼠标指针的移动而移动。

第二步：整体刻画和填充颜色。

首先绘制主体房子，然后为房子填充颜色，区分明暗黑白灰，具体操作如下。

先使用工具栏中的选择工具全选刚才绘制好的闭合线稿，然后使用工具栏中的实时上色工具单击所选择的部分，随后使用选择工具单击空白处取消选中，这时线稿已经变为实时上色组。选择颜色，通过实时上色工具单击线稿闭合区域来为线稿填充颜色。在填充颜色时需要注意做好窗户的投影等细节，如图 4-32（a）所示，这样才能体现出真实感。填充颜色后的效果如图 4-32（b）所示。

（a） （b）

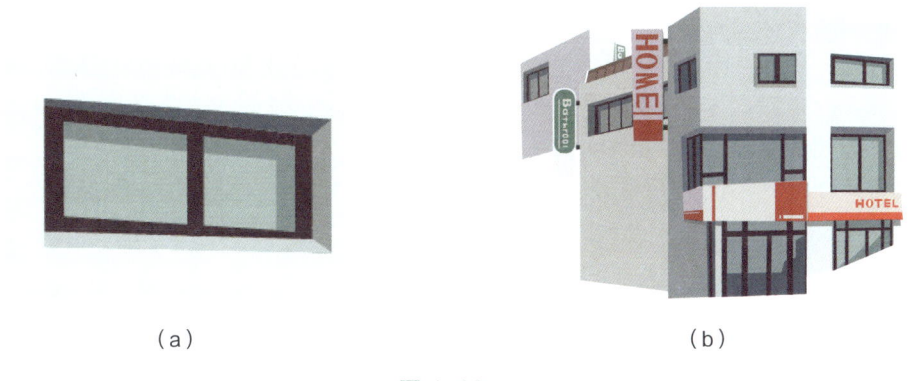

图 4-32

　　为房屋填充颜色后,为其前面的电车填充颜色。使用工具栏中的实时上色工具,先在线稿的基础上填充大面积的颜色,再区分黑白灰,效果如图 4-33（a）所示。再使用工具栏中的钢笔工具,选择喜欢的颜色,绘制电车的细节,在选择颜色时要注意整体的搭配关系。最后使用工具栏中的直接选择工具进行调整,如图 4-33（b）和图 4-33（c）所示。

　　电车绘制完成后,绘制电车的电线和接触部件。使用工具栏中的直接选择工具选择之前绘制的线条,在"属性"面板中调整描边的颜色和粗细。在调整颜色时要注意电线和接触部件的颜色要有区分,不能混乱。最终效果如图 4-33（d）所示。

（a） （b）

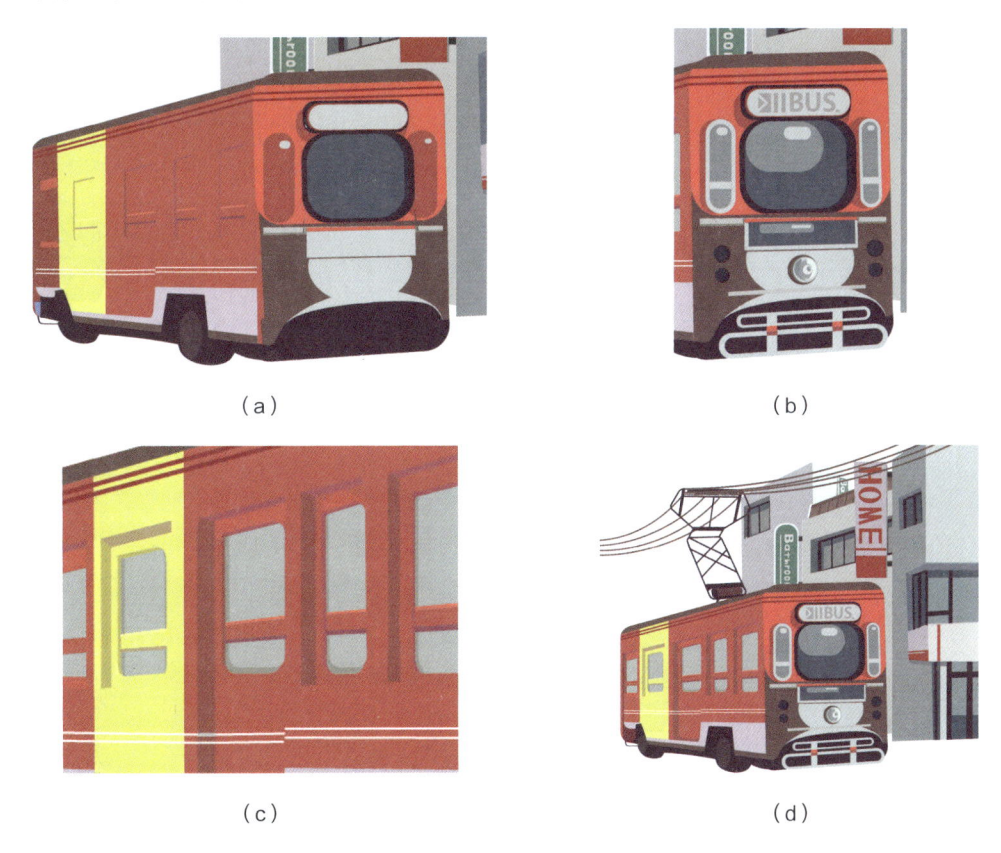

（c） （d）

图 4-33

按照前述方法，继续绘制堆在房子前面的雪，雪的形状可以适当地进行变形，先填充颜色，再绘制阴影，画中的雪偏蓝绿色调，如图4-34（a）和图4-34（b）所示。最后绘制类似于高光的点缀，为画面增加层次感和丰富感。在绘制时要注意高光的层次和颜色的搭配，效果如图4-34（c）所示。

注意：在绘制不同的元素时，要在"图层"面板中新建一个图层，保证每个元素在不同的图层上。单击"图层"面板中的"切换可视性"或"切换锁定"按钮，可以隐藏或锁定图层。

（a） （b）

（c）

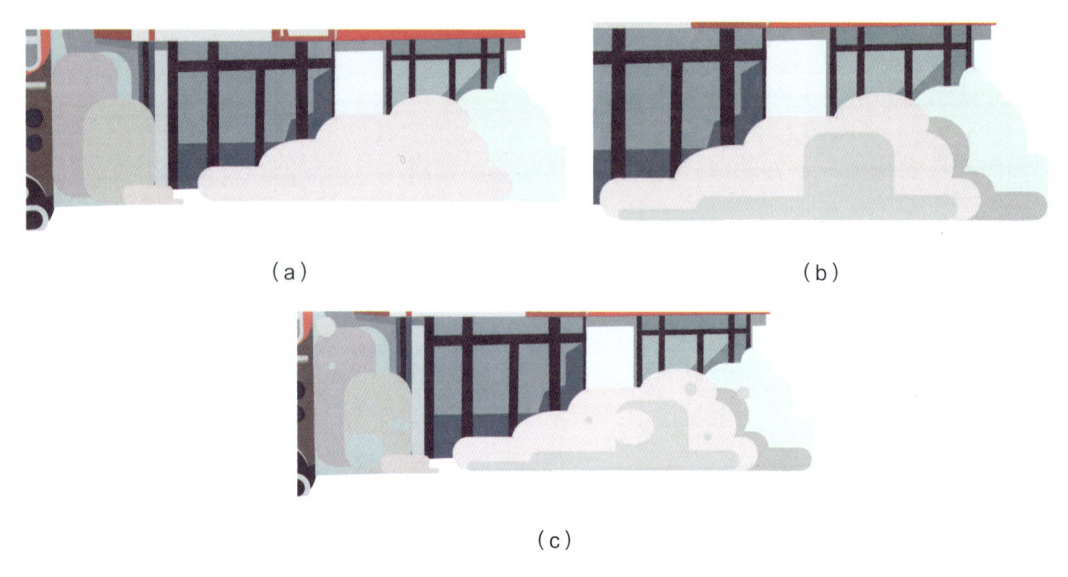

图 4-34

绘制完主要元素后，在"图层"面板的底层创建一个新图层，使用工具栏中的矩形工具绘制两个长方形作为天空和地面。这里天空的颜色使用了与电车颜色互补的绿色，以此来协调画面的色彩，如图4-35所示。

图 4-35

第三步：刻画细节。

最后进行细节刻画和整体调整。我们可以参考上述步骤，为地面增加高光点和高光线，为画面增添生机，使画面整体更加协调，如图4-36所示。

图 4-36

最终效果如图 4-37 所示。

图 4-37

4.2.4 室内空间插画创作——圣诞快乐

案例训练要点。

(1) 学习人物与场景室内空间插画的创作;

(2) 学习门与把手等物件细节的绘制及空间阴影的处理。

1. 创作意图

在圣诞节,小朋友之间会互赠礼物,而家中使用花环、彩带等进行装饰,使场景更加温馨,此插画通过暖色调、小朋友之间温暖的举动烘托寒冷的冬天,如图 4-38 所示。

2. 制作步骤

第一步:绘制轮廓图。

首先,使用铅笔和橡皮,在手绘本上创作与"圣诞快乐"相关的元素,绘制完成后将草图扫描为电子图片并保存在计算机中。

在菜单栏中选择"文件"→"置入"命令,在弹出的对话框中选择刚才扫描好的电子草图,置入电子草图后将其调整到合适的大小。

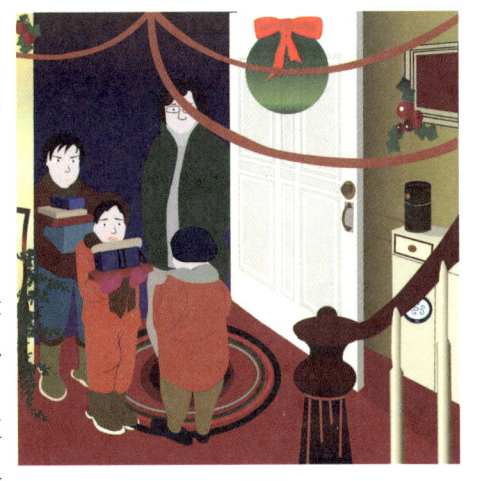

图 4-38

Illustrator 插画设计

在"属性"面板中将置入的电子草图的"不透明度"设置为50%。随后单击"图层"面板中的"切换锁定"按钮锁定图层。

使用工具栏中的钢笔工具在已经锁定的电子草图上绘制外形轮廓。绘制完成后单击"图层"面板中的"切换锁定"按钮解锁图层。随后单击"图层"面板中的"切换可视性"按钮隐藏电子草图图层,这时界面中将显示使用钢笔工具绘制的轮廓,如图4-39所示。确认细节,使用工具栏中的直接选择工具对需要调整的地方进行调整。

> **认识铅笔工具**
>
> 铅笔工具 是Illustrator的绘图工具之一,用来绘制任意宽度和形状的线条,创建开放路径和封闭路径。使用铅笔工具绘制图形和使用铅笔在纸上绘制图形相同,按住鼠标左键,在画板上按需要移动鼠标指针的位置,路径会随之出现,最后释放鼠标左键即可完成线条或形状的绘制。完成绘制路径后,还可以使用直接选择工具对其进行修改。
>
> 与钢笔工具相比,使用铅笔工具绘制的曲线不如钢笔工具精确,但使用铅笔工具绘制的线条和形状更加生动多样,使用方法更加简单灵活,因此在绘图过程中使用铅笔工具能够完成大部分精度要求较低的形状的绘制。另外,使用铅笔工具绘制的路径和使用钢笔工具绘制的路径一样,能够设置填充和描边,在绘制前还可以设置它的保真度、平滑度,因此铅笔工具更加随意和便捷。

第二步:填充颜色。

首先使用工具栏中的选择工具全选刚才绘制的闭合线稿,然后使用工具栏中的实时上色工具单击所选择部分,随后使用选择工具单击空白处取消选中,这时线稿已经变为实时上色组。先选择颜色,再使用实时上色工具单击线稿闭合区域来为线稿填充颜色,填充大面积的颜色,并确认空间感方向是否准确,如图4-40所示。

图 4-39　　　　　　　　　　　图 4-40

使用工具栏中的实时上色工具为所有人物、物品填充合适的颜色,同时对大面积的颜色进行细节的调整。

因为时间是晚上,所以使用工具栏中的渐变工具,在渐变的"属性"面板中选择"线性渐变"选项,将渐变颜色调整为深蓝到浅蓝的渐变效果,随后进行填充,将夜幕的背景颜色设置为深蓝渐变效果。

使用同样的操作方式,将房间其余两个墙面使用渐变工具做出颜色渐变的效果,最终效果如图 4-41 所示。

注意:靠近门的墙面的颜色需要加深,门后方的地板颜色也需要加深,通过改变室内各物件颜色的明暗程度,做出阴影的效果。颜色的具体参数如图 4-42 所示。

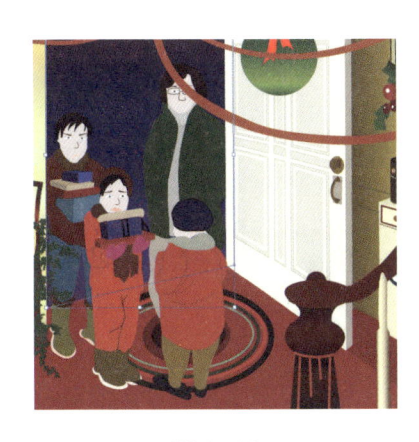

图 4-41 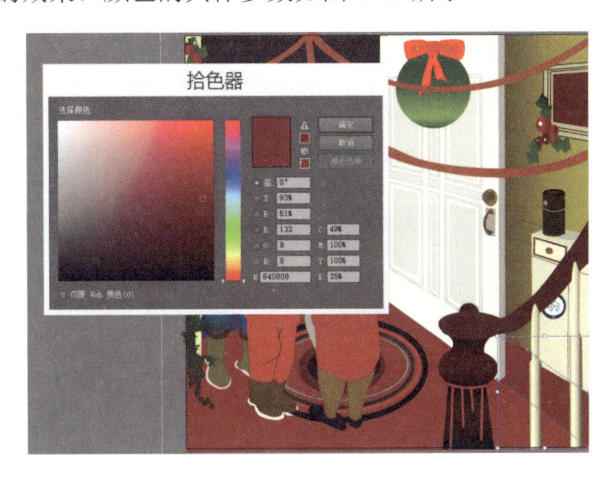　　　　　　　　　　　　　　图 4-42

第三步:刻画细节。

接下来我们做出门的立体感。首先使用工具栏中的矩形工具,在空白处绘制一个矩形,然后使用工具栏中的曲率工具对形状进行调节,做出门的纹理。随后使用工具栏中的吸管工具吸取门本身的颜色,将原本吸取的颜色向左拉,降低灰度和明度。最后使用工具栏中的实时上色工具进行填充,将不同的色块相互叠加,形成有深有浅的凹凸感,如图 4-43 和图 4-44 所示。

图 4-43 　　　　　　　　　　　　　　图 4-44

接下来绘制房屋里的画框。使用相同的绘制方式,绘制效果如图 4-45 所示。

使用相同的方式,先使用工具栏中的实时上色工具为人物填充好颜色,再使用工具栏中的铅笔工具绘制衣服的褶皱,如图 4-46 所示。

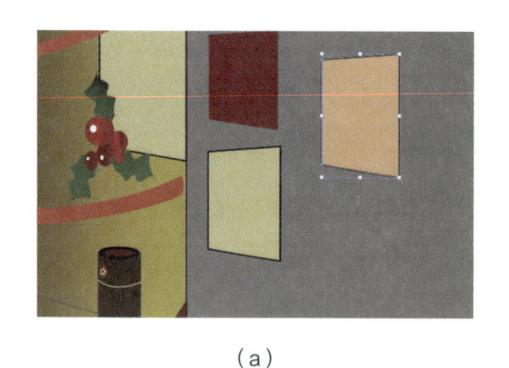

Illustrator 插画设计

（a） （b）

图 4-45

图 4-46

操作技巧

使用铅笔工具绘制封闭路径的方法：在画板上按住鼠标左键，拖动鼠标指针开始路径的绘制，当绘制出自己希望的形状时，返回起点处，当看到鼠标指针的右下角变成一个圆形 时，释放鼠标左键即可。

使用铅笔工具绘制直线路径的方法：按住 Alt 键，当鼠标指针变成 时，按住鼠标左键并将鼠标指针拖动到合适的位置，先释放鼠标左键，再释放 Alt 键即可。

使用工具栏中的钢笔工具绘制圆形的锁、方形的门把手、楼梯扶手等小部件。使用工具栏中的直接选择工具对形状进行调节，如图 4-47（a）所示。制作好之后叠加到大扶手上，并摆放到合适的位置，效果如图 4-47（b）所示。

（a） （b）

图 4-47

接下来制作楼梯扶手部件，如图 4-48（a）所示，绘制完成后摆放到合适的位置，效果如图 4-48（b）所示。

(a) (b)

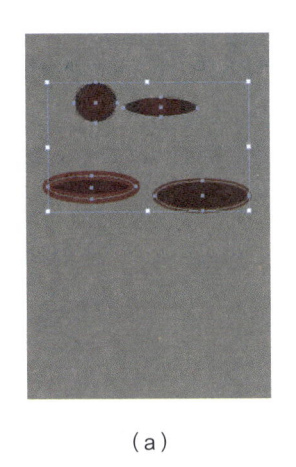

图 4-48

其他细节使用工具栏中的钢笔工具进行绘制，并在"属性"面板中调整不透明度，最终效果如图 4-49 所示。

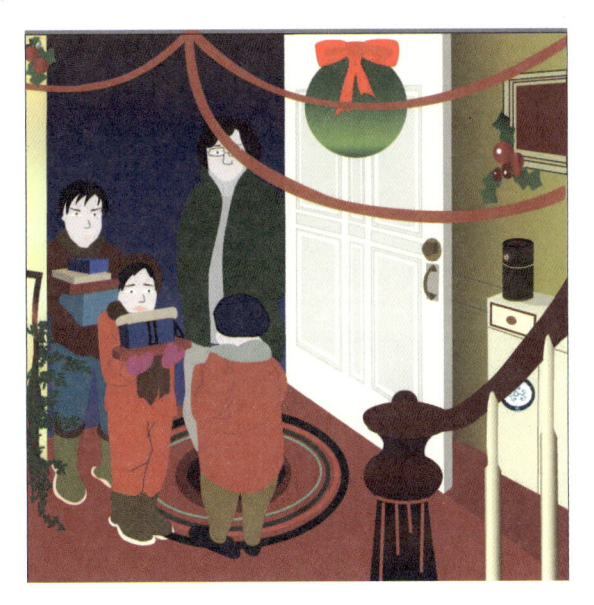

图 4-49

4.2.5 城市空间插画创作——伦敦飞行之旅

案例训练要点。

（1）学习城市空间场景插画的创作；
（2）学习建筑物的比例关系，以及细节、灯光的处理。

视频学习

1. 创作意图

如今人们想要去旅行可以选择飞机、火车、汽车等各种交通工具，非常方便。在《飞屋环游记》中，主角将气球和屋子作为旅游工具，这是一种新奇的交通方式。伦敦是一个

127

多雨的城市，雨伞在伦敦是一个必不可少的生活用品，所以，插画中的人物使用雨伞作为这次伦敦奇特之旅的旅游工具，在伦敦上空自由飘荡，欣赏伦敦泰晤士河畔美丽的黄昏，神秘而又浪漫，如图4-50所示。

图 4-50

2. 制作步骤

第一步：绘制草图。

首先，使用铅笔和橡皮，通过参考各种相关案例，在手绘本上绘制草图，如图4-51所示。绘制完成后将草图扫描为电子图片并保存在计算机中。

图 4-51

第二步：绘制轮廓图。

在菜单栏中选择"文件"→"置入"命令，在弹出的对话框中选择刚才扫描好的电子草图，置入电子草图后将电子草图调整到合适大小。

在"属性"面板中将电子草图的"不透明度"调整为50%。随后单击"图层"面板中的"切换锁定"按钮锁定图层，以便我们后期绘制外形轮廓。

使用工具栏中的钢笔工具，在已经锁定的电子草图上绘制外形轮廓。绘制完成后单击

"图层"面板中的"切换锁定"按钮解锁图层。随后单击"图层"面板中的"切换可视性"按钮隐藏电子草图图层,这时界面中将只显示使用钢笔工具绘制的轮廓,如图4-52(a)所示。

使用工具栏中的渐变工具调整图像的颜色,颜色参考如图4-52(b)所示,在"属性"面板中设置渐变的"不透明度",完成效果如图4-52(c)所示。天空的颜色也使用工具栏中的渐变工具进行设置,如图4-52(d)所示。

(a)　　　　　　　　　　　　　　(b)

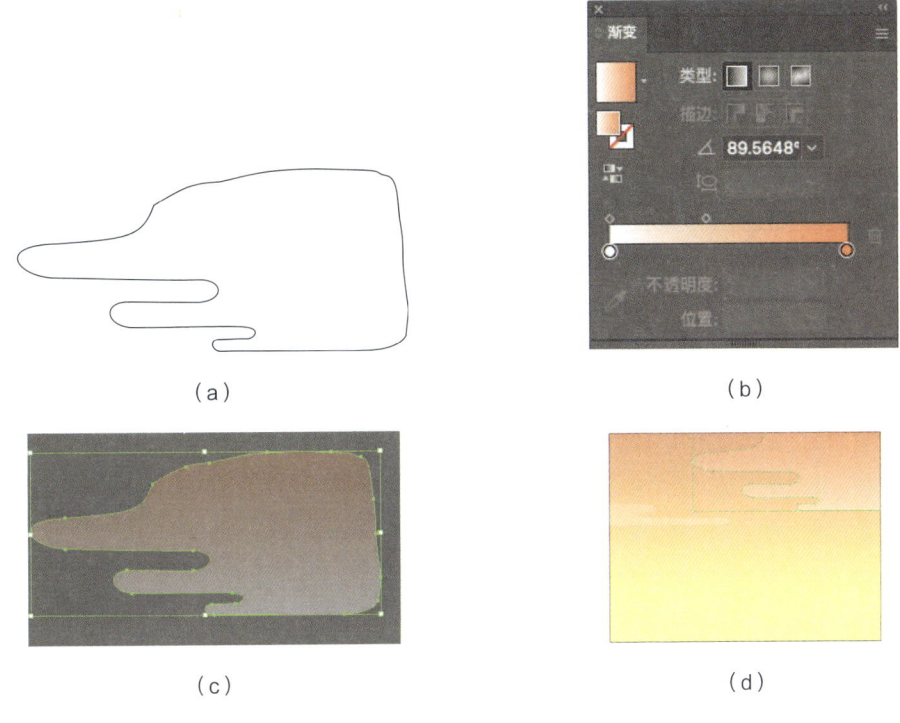

(c)　　　　　　　　　　　　　　(d)

图4-52

使用工具栏中的钢笔工具、矩形工具、椭圆工具,在空白图层上绘制建筑物,如图4-53(a)所示。在绘制过程中,需要在菜单栏中选择"窗口"→"路径查找器"命令,打开"路径查找器"面板,如图4-53(b)所示。它能够更好地组合、分离图形,并为绘制好的图形填充颜色,效果如图4-53(c)所示。

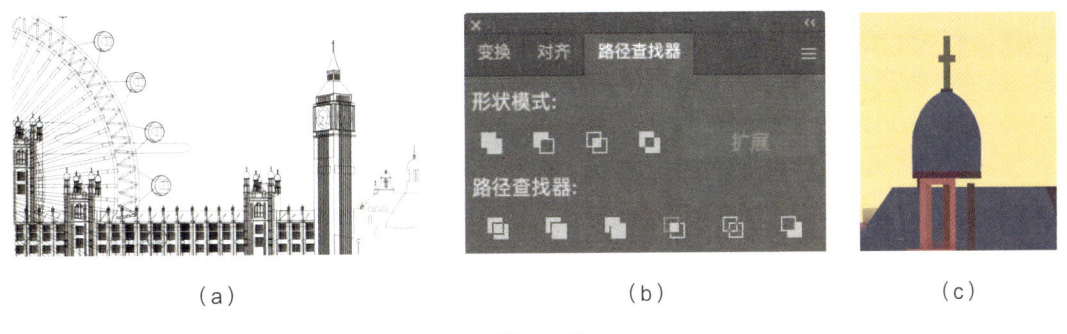

(a)　　　　　　　　　　　(b)　　　　　　　　　　　(c)

图4-53

"路径查找器"面板中的"路径查找器"选项组

在第 2 章中，我们对"路径查找器"面板中的"形状模式"选项组进行了介绍。与"形状模式"选项组功能相似，"路径查找器"面板中的"路径查找器"选项组也可以快速将路径或形状进行分割、合并等处理。下面对"路径查找器"选项组的 6 个按钮及其功能进行介绍。

1．"分割"按钮

同时选中多个重叠的对象，单击"分割"按钮，可以将这些对象按路径进行分割，分割后的图形自动成为一个组合。如果需要对分割后的某个图形单独进行编辑，则可以右击，在弹出的快捷菜单中选择"取消编组"命令。

2．"修边"按钮

同时选中多个重叠的对象，单击"修边"按钮，可以将这些对象按路径进行分割，并删除重叠部分排列在下层的图形区域，仅保留排列在顶层的路径，修边后的图形会自动成为一个组合。

3．"合并"按钮

同时选中多个重叠的对象，单击"合并"按钮，可以将这些对象中重叠且颜色相同的对象合并为一个新的图形。如果重叠的对象的颜色不同，则删除排列在下层的图形区域。同样，合并后的图形会自动成为一个组合。

4．"裁剪"按钮

同时选中多个重叠的对象，单击"裁减"按钮，可以将这些对象按路径进行分割，分割后会保留重叠且排列在下层的对象路径，保留的部分自动成为一个组合，而其余的图形区域将被删除。如果这些图形区域的颜色不同，则新的对象的颜色将与排列在下层的对象保持一致。

5．"轮廓"按钮

同时选中多个重叠的对象，单击"轮廓"按钮，可以将这些对象按路径进行分割，并将这些图形区域转换为轮廓线，并且自动成为一个组合。

6．"减去后方对象"按钮

同时选中多个对象，单击"减去后方对象"按钮，重叠部分将按路径进行分割，而重叠和排列在下层的图形区域将被删除。

操作提示

"形状模式"选项组中"减去顶层"按钮的功能与"裁剪"按钮的功能很相似。"减去顶层"按钮的功能是以最下面的图形为基础，减去其余图形与最下面图形重叠的部分，但"裁剪"按钮的功能是以最上面图形的轮廓为基础，裁剪它下面所有的图形对象。

第三步：刻画细节。

接下来我们为建筑物添加暗部，为物体增加立体感，具体操作步骤与上一步相同，但需要注意暗部形状的合理性和光源的统一性。在填充颜色时，需要填充比物体原有色彩明度低的颜色，如图4-54所示。

（a）　　　　　　　　　　　　　　　　（b）

图4-54

接下来我们在绘制好的阴影处填充颜色，窗户部分如图4-55（a）所示，先复制和粘贴出一个相同的形状，再使用工具栏中的渐变工具，在渐变的"属性"面板中选择"线性渐变"选项，填充由深至浅的颜色，并在渐变的"属性"面板中调整不透明度，将浅的颜色的"不透明度"调整为0，如图4-55（b）所示。最后将绘制好的图形放在相应的位置，图4-55（c）所示。

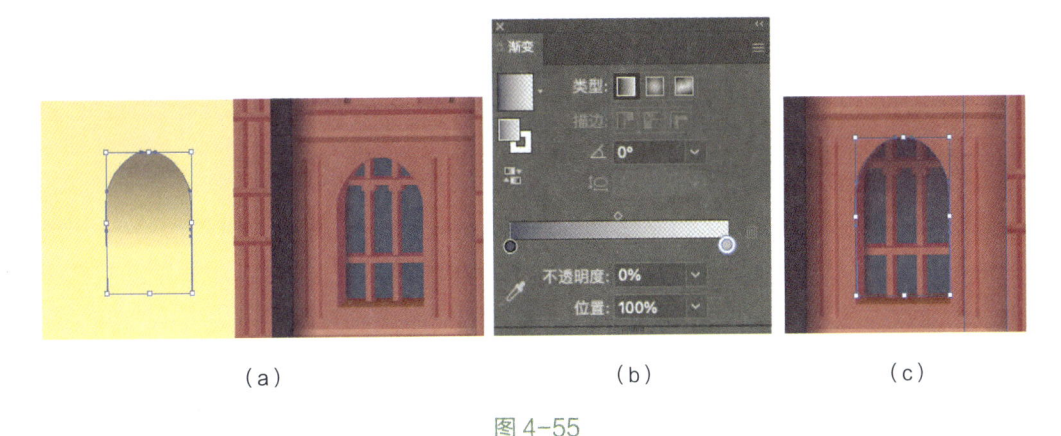

（a）　　　　　　　　　（b）　　　　　　　　　（c）

图4-55

操作技巧

在使用渐变工具编辑渐变时，如果需要修改图形某一位置的不透明度，则可以单击该位置对应的渐变轴，添加滑块，再单击滑块，当滑块边缘为蓝色时，表示处于选中状态，此时可以在"渐变"面板中调整其不透明度。

接下来绘制水中灯影。使用工具栏中的钢笔工具绘制灯影形状。在菜单栏中选择"效果"→"模糊"→"高斯模糊"命令，对图形进行模糊处理，参数设置如图4-56（a）所示，效果如图4-56（b）所示。

使用相同的方法绘制多个相似的图形，并摆放到合理的位置，最终效果如图4-57（a）所示。

(a)

(b)

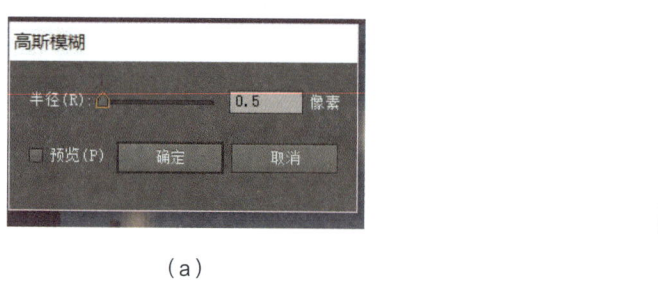

图 4-56

认识"羽化"效果

"羽化"效果主要为选定的图形对象创建柔和的边缘效果，使其产生从内部到边缘逐渐透明的效果。选中需要进行羽化的图形对象后，在菜单栏中选择"效果"→"风格化"→"羽化"命令，弹出"羽化"对话框，如图4-57（b）所示，在"半径"文本框中输入一个合适的数值，单击"确定"按钮即可。半径越大，图形对象的羽化程度越大。

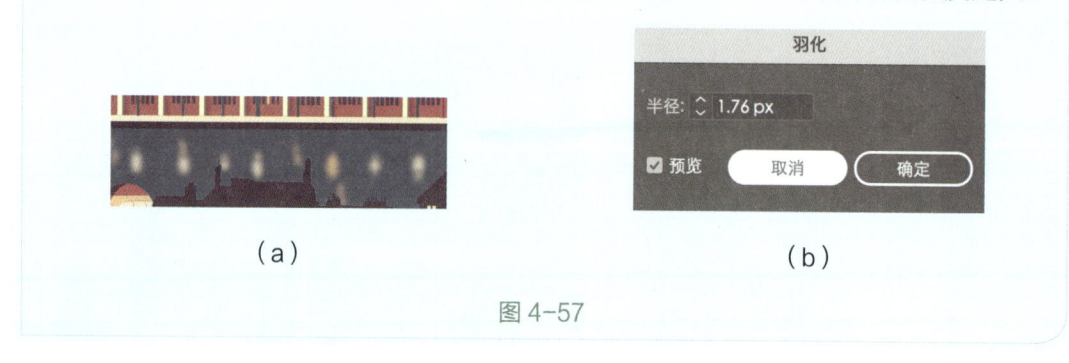

(a)

(b)

图 4-57

最终效果如图 4-58 所示。

图 4-58

4.2.6 复杂场景创作——僵尸新娘之前生梦

案例训练要点。
（1）学习具有鬼怪的场景插画的创作；
（2）学习使用画笔工具绘制铁艺栅栏、石柱、草地。

1. 创作意图

在《僵尸新娘》的结局中，爱蜜莉看着外面，她心里在想什么呢？了结了积怨和执念的爱蜜莉站在窗前，只剩下当年自己任性丢下的家人们的遗憾，如图4-59所示。

图4-59

2. 制作步骤

第一步：构思草图。

首先，围绕《僵尸新娘》题材收集相关创作素材，如图 4-60 所示。

(a)　　　　　　　　　　　　　　(b)

图 4-60

使用铅笔和橡皮，通过参考各种相关案例，在手绘本上绘制草图。插画的场景是从房子外面向里看，包括庭院、房子和背景的夜色。整个插画使用原片中冷冷的蓝色，绘制完成后将草图扫描为电子图片并保存在计算机中。

第二步：绘制阶段。

使用工具栏中的钢笔工具从近景开始绘制，慢慢向远景推移。首先绘制最前面的庭院栅栏和石柱。石柱先简单建立起体块儿；铁艺栅栏和灯在填充颜色时使用工具栏中的渐变工具做出颜色渐变的效果，"渐变"面板中的参数设置如图 4-61（a）所示，效果如图 4-61（b）所示。

(a)　　　　　　　　　　　　　　(b)

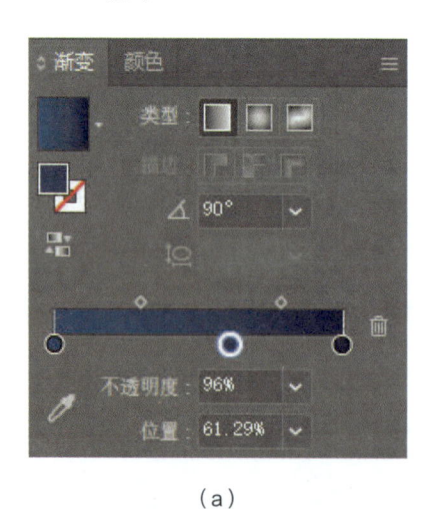

图 4-61

在菜单栏中选择"窗口"→"画笔"命令，打开"画笔"面板，选择"炭笔-羽毛"选项，绘制一条铁艺栅栏，笔刷设置如图 4-62（a）和图 4-62（b）所示，效果如图 4-62（c）和图 4-62（d）所示。

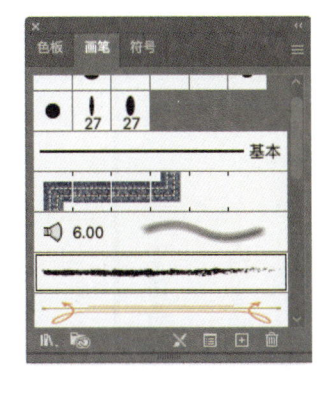

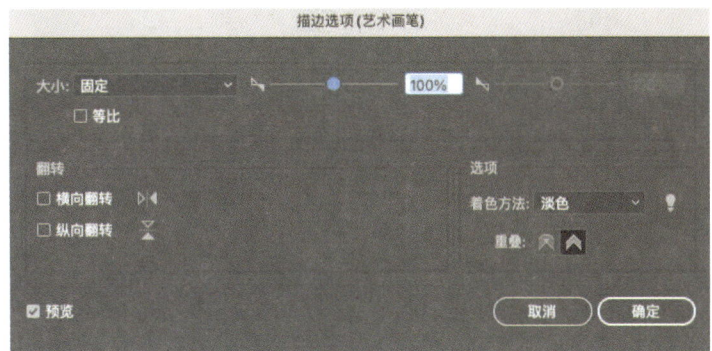

（a）

（b）

（c）

（d）

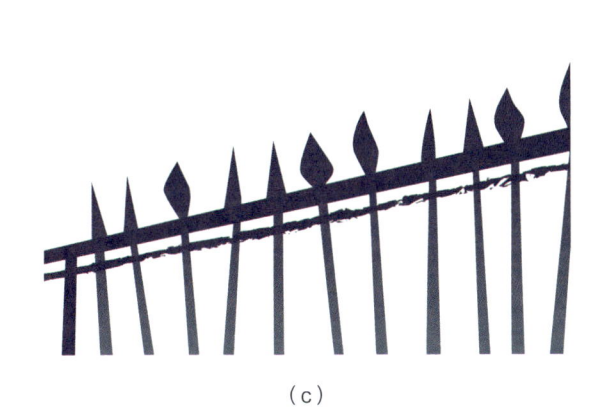

图 4-62

描边选项（艺术画笔）的设置方法

艺术画笔是能够高度还原水彩、画笔绘画效果的画笔描边选项，用户可以使用艺术画笔绘制边缘较粗糙、不规则的物体，以增加真实感。选择一种艺术画笔作为描边路径后，单击"画笔"面板右下角的"所选对象的选项"按钮，可以打开如图 4-62（b）所示的"描边选项（艺术面笔）"对话框。对话框中的选项组介绍如下。

（1）"大小"选项组：能够修改描边宽度的百分比数值。如果勾选下方的"等比"复选框，则在缩放图稿时，描边宽度的百分比值保持不变。

（2）"翻转"选项组：如果勾选"横向翻转"复选框，则选中的对象将进行水平翻转。如果勾选"纵向翻转"复选框，则选中的对象将进行垂直翻转。

（3）"着色方法"列表：能够选择的着色方法有"无"、"淡色"、"淡色和暗色"和"色相转换"。

随后为光秃秃的石柱添加肌理效果。先使用工具栏中的钢笔工具绘制几个不规则的形状,再在菜单栏中选择"效果"→"模糊"→"高斯模糊"命令。或者在菜单栏中选择"效果"→"风格化"→"羽化"命令,对图像进行模糊处理,如图4-63所示。

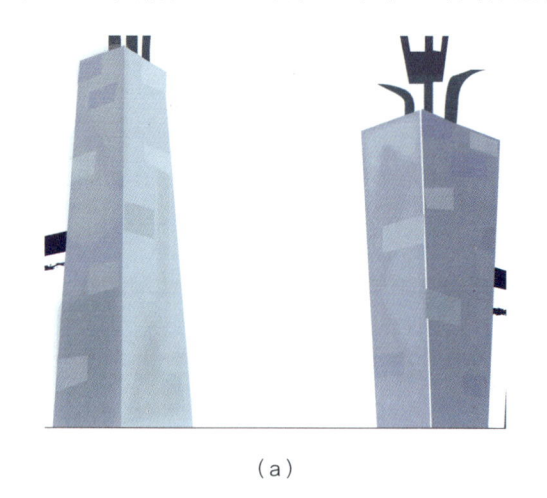

(a)

(b)

图4-63

使用工具栏中的渐变工具为庭院的土地和小路做颜色渐变的效果,如图4-64所示。

为其中一盏灯添加光晕效果。先使用工具栏中的吸管工具吸取土地的颜色,再使用工具栏中的矩形工具绘制一个长方形,使用工具栏中的渐变工具,在"渐变"面板中将"类型"设置为"径向渐变",与白色做径向渐变,参数设置如图4-65(a)所示,效果如图4-65(b)所示。

接下来为小路的前段添加肌理效果,方法如下:在菜单栏中选择"窗口"→"画笔"命令,打开"画笔"面板,选择"炭笔-羽毛"选项,使用"炭笔-羽毛"笔刷任意绘制,在"炭笔-羽毛"的"属性"面板中将描边调粗,参数设置如图4-66(a)所示,效果如图4-66(b)、图4-66(c)、图4-66(d)所示。

图4-64

(a)

(b)

图4-65

(a)　　　　　　　　　　　(b)

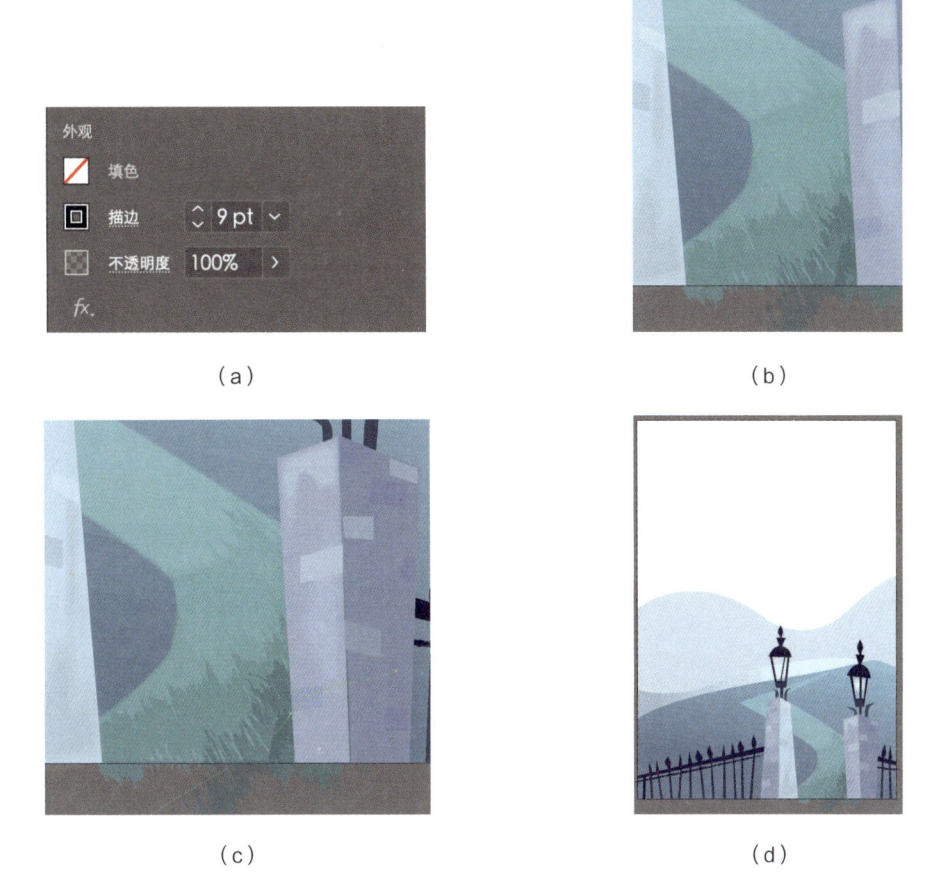

(c)　　　　　　　　　　　(d)

图 4-66

使用同样的方法进行勾线和描边，绘制一些幽灵、小鬼和小动物，以及不同大小的 3 个墓碑来渲染气氛，如图 4-67 所示。

图 4-67

Illustrator 插画设计

墓碑和刚刚的灯柱都是石头质地的，所以同样使用工具栏中的钢笔工具和渐变工具添加肌理效果，如图 4-68 所示。

(a)   (b)

图 4-68

接下来为墓碑添加投影，因为投影是投在小路上的，所以我们可以参照为小路添加肌理效果的方式添加阴影，效果如图 4-69 所示。

(a)   (b)

图 4-69

背景绘制完成后，使用工具栏中的钢笔工具、实时上色工具、渐变工具绘制第一个人物——年事已高的奶奶。因为需要营造一种神秘、诡异的感觉，所以将老奶奶的头发设置为蓝色。使用工具栏中的渐变工具，在"渐变"面板中将"类型"设置为"线性渐变"，将颜色调整为蓝色和浅蓝色，效果如图 4-70（a）所示。

随后为老奶奶脸的中心添加晕染。使用工具栏中的渐变工具，在"渐变"面板中将"类型"设置为"径向渐变"，参数设置如图 4-70（b）所示。

（a） （b）

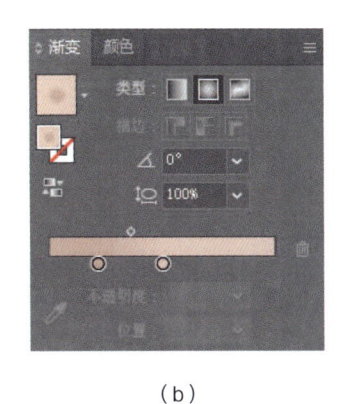

图 4-70

接下来我们绘制剩下的人物及周边的小物品。主人公爱蜜莉的人物设定是天真无邪的，她穿着小公主泡泡袖纱裙，打着粉色洋伞，身边的鳄鱼象征着害死她的伯爵，如图 4-71（a）所示。这里传达了生前的爱蜜莉和伯爵在一起，犹如在鳄鱼口上方走钢丝，注定了九死一生的悲惨结局，如图 4-71（b）所示。

（a） （b）

图 4-71

故事背景是欧洲，所以人物服装是英伦风格，例如，爱蜜莉父亲的服装是英伦学院风衬衫、羊毛背心和格子裙；脚下的炸药桶表示这位父亲还不知道自己马上就要失去女儿，可怕的事情已经点燃了引线，悄悄地酝酿着；身边的蜡烛、从土地里伸出的手，都是用来渲染气氛的，如图 4-72 所示。

图 4-72

接下来对父亲的脸部进行刻画。使用工具栏中的渐变工具，在"渐变"面板中将"类型"设置为"径向渐变"，在脸中心添加晕染，预示着将要发生倒霉的事情，参数设置如图 4-73（a）所示。父亲现在还并不知道自己心爱的女儿即将与人私奔且因此永远离开自己，所以还是有红色存在的，如图 4-73（b）所示。

（a） （b）

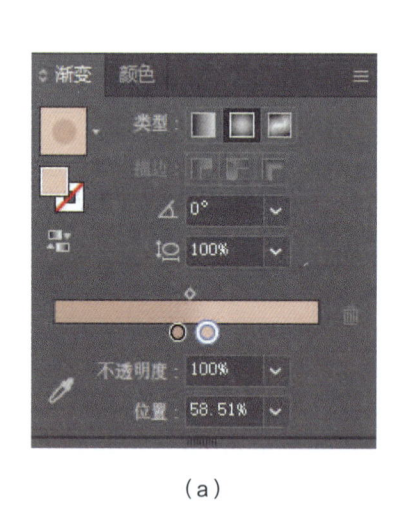

图 4-73

为了更好地烘托气氛，为这只僵尸手添加一些效果。首先使用工具栏中的钢笔工具绘制僵尸手的形状，然后在菜单栏中选择"效果"→"风格化"→"羽化"命令，对图像进行模糊处理，参数设置如图 4-74（a）所示，效果如图 4-74（b）所示。

(a) (b)

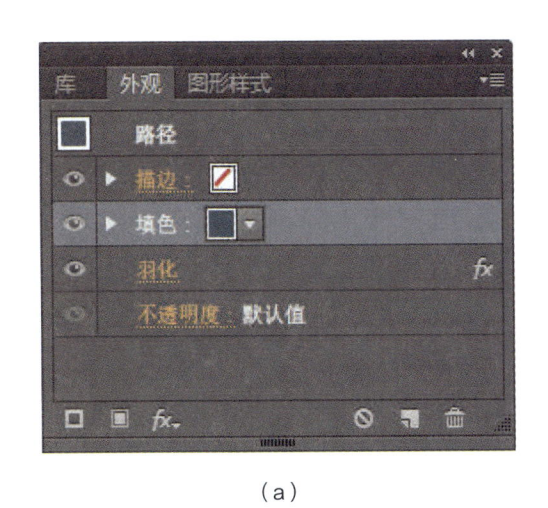

图 4-74

接下来在"图层"面板中复制僵尸手的图层。为新复制的僵尸手填充更深的颜色，随后在菜单栏中选择"效果"→"SVG 滤镜"→"AI_Alpha_1"命令，效果如图 4-75（a）所示，就有了焚烧过的脏兮兮的感觉。把刚刚做的带滤镜的图层通过上述方法复制一次以加强效果，如图 4-75（b）所示。

(a) (b)

图 4-75

认识 SVG 格式和 SVG 滤镜

SVG（Scalable Vector Graphics）是一种可缩放的矢量图形，它是基于 XML（Extensible Markup Language），由 World Wide Web Consortium（W3C）联盟进行开发的。其本质上是文本文件，具有体积小、分辨率高的特征。因此，设计师能够使用任意文字处理工具打开、修改、绘制 SVG 图像，还可以通过输入代码为图像添加交互功能，并将其插入 HTML，使用浏览器观看效果。

> Illustrator 提供了 18 种 SVG 滤镜，在菜单栏中选择"效果"→"SVG 滤镜"命令，就可以从"SVG 滤镜"子菜单中选择合适的 SVG 滤镜效果，也可以通过编码创建新的 SVG 滤镜。

使用同样的方法绘制房子，如图 4-76 所示。

图 4-76

接下来我们绘制房子的肌理。在"图层"面板中复制原来的图层，填充一个更深或更浅的颜色，随后在菜单栏中选择"效果"→"SVG 滤镜"命令，展开"SVG 滤镜"子菜单，从中选择"AI_Alpha_1"或"AI_Alpha_4"命令，效果如图 4-77 所示。

使用同样的方法在二楼绘制僵尸新娘。注意：僵尸新娘虽然是故事的中心人物，但因为是远景，所以没必要进行太多刻画，如图 4-78 所示。

随后使用工具栏中的钢笔工具和渐变工具为房子添加装饰，为黑夜填充颜色，整个画面就统一起来了，如图 4-79 所示。

（a） （b）

图 4-77

图 4-78　　　　　　　　　　图 4-79

最后通过上述办法，在夜空中加些小幽灵、小动物、小星星等烘托气氛，如图4-80所示。

图 4-80

4.3　习作欣赏点评

4.3.1　多角色的户外场景

隆冬，地上已积满厚厚的白雪，动物们也不甘就此冬眠，浪费大好时光，纷纷拿出了珍藏的溜冰鞋、雪橇，使用乐器为这季节演奏。已步入老年的海豹在冰上钓起了鱼，它已经闹不起来了，但在年轻一辈的欢闹声中，也感到安乐满足。《冬季的动物世界》的色彩

Illustrator 插画设计

轻快活泼,既有丰富的大场景,又有各种动物造型,看似凌乱的画面,实际上具有一条动态线。从草图到铺大色块,再到对细节的刻画过程图及最终效果如图4-81所示。

(a)　　　　　　　　　　　　(b)

(c)　　　　　　　　　　　　(d)

图4-81

4.3.2 故事叙述性插画

记得小时候母亲在织毛衣,我在外面背《早》这篇文章,但就是背不下来,母亲教我一段一段地背就能背下来……现在看来那就是我的童年吧。作者选择这个主题,将回忆摆出来,创作插画《三味书屋》。作者为了创作这幅插画调研了大量民国时期的插画,在了解了民国时期的插画后,对于自己的插画的风格也有了大致的定位,在之后的创作中用色偏淡雅,构图更注重形式美,吸收了民国时期插画的表现手法,使画面具有更丰富的表现力。插画采用连环画的形式,分为三味书屋全景、先生训话、书桌刻"早"字3幕,民国风格插画的主题词有单纯、清新、朴实,如图4-82所示。

(a)

(b)

(c)

图 4-82

4.3.3 扁平化风格的场景

室内横向平行结构场景构图和室外纵向场景构图都属于扁平化风格,可以给人带来不同的感受和视觉体验。这两幅插画的色彩搭配和谐,场景氛围渲染较好,场景布局合理,注重疏密关系的处理,如图4-83所示。

（a） （b）

图 4-83

4.3.4 新年系列

新年是我国的传统节日，具有悠久的历史，以"新年"为主题创作的插画有很多。下面两幅作品从不同的角度表达了对新年的期望。图 4-84（a）以与新年相关的故事为主线，使用与新年相关的形象，还添加了一些喜庆元素，如财神、鞭炮、福字等，又因为 2017 年为鸡年，所以加入了鸡的形象。图 4-84（b）名为《过年吃饺子啦》。相传饺子"每届初一，无论贫富贵贱，皆以白面做饺食之，谓之煮饽饽，举国皆然，无不同也。富贵之家，暗以金银小锞藏之饽饽中，以卜顺利，家人食得者，则终岁大吉"。这说明新春佳节人们吃饺子，寓意吉利，以示辞旧迎新。千百年来，饺子作为贺岁食品，受到人们的喜爱，相沿成习，流传至今。

（a） （b）

图 4-84

4.3.5 讽刺类插画

插画名为《时代的奴隶》，以讽刺风格为主，使用反讽的手法来展现信息时代对社会的影响及对人类情绪的控制。画面中的每个人物都被电子产品吸引，情绪与生活都被信息化，被大数据操控，渐渐忘却了生活的根本，已然成了信息时代下的奴隶。不可否认的是，信息化确实推动了整个社会的进步与发展，但在快速发展的背景下，也存在人们渐渐沉迷各色各样网络信息，人与人之间缺少面对面沟通、交流的机会的问题。这幅插画使用明亮的色彩与轻快的形象直观与形象地揭露了这个问题，如图 4-85 所示。

（a） （b）

图 4-85

4.3.6 写实主义插画

《建筑——异域风情》如图 4-86 所示；《长江两岸》如图 4-87 所示。这两幅插画使用了写实主义的手法，对建筑物进行细节的刻画，其精细程度比较考究，透视准确，明暗关系把握得比较好。

（a） （b）

图 4-86

图 4-87

4.3.7 人物与场景结合的插画

《灰姑娘》是我们耳熟能详的故事，选取 3 个主要情节绘制插画，如图 4-88 所示。

（a）  （b）

（c）

图 4-88

4.3.8 回忆类系列插画

以"十五岁盛夏海的回忆"为主题创作系列插画,包含《忆海鸟》《夜晚海星》《黄昏海色》《海拾贝壳》4 幅插画,如图 4-89～图 4-92 所示。

图 4-89

图 4-90

图 4-91

图 4-92

故事由来:在十五岁的盛夏,我第一次来到了美丽文艺的海滨城市厦门,在花园城市厦门满是簇簇花景,典雅文艺的环境总是带给我安宁自然的感受,使我舍不得离开。那里的大海,鼓浪屿的美景,真真实实地填满了我的美丽幻想。南方姑娘的盛夏回忆里,海上闪烁着金灿灿的阳光,湖蓝的大海上泛起涟漪,天空清湛,天边云卷云舒,海风微扬拂面,海边泛着朵朵浪花,海鸟的叫声此起彼伏。到了晚上,星星挂在天空中,海滩上的沙砾软软的，海里的小生物也爱上岸，偶尔几只小螃蟹小虾被海浪卷到岸上，让你忍不住停留，看着小螃蟹一摆一扭地想游到海里。时间流逝，不论过去了多久，回忆都不会被丢失和遗忘，因为那些对美好的渴望都是永恒的，希望我们永远记得当初的那个自己，当初的那些故事，留住那颗美好的心，感受最真挚的爱的记忆。

  此作品使用鲜艳、浓重的颜色，以直率、粗放的笔法，创造强烈的画面效果，充分显示出追求情感表达的表现主义倾向；吸取了后期印象派画家保罗·塞尚的印象派作品的手法，使用明快温暖的色彩，在绘画创作时注意色彩的光影变化和亮暗部的色彩冷暖的变化。在情感表达上，此作品大胆探索，自由地抒发内心感受，带有强烈的主观性；吸取画家爱德华·蒙克的《呐喊》《焦躁》等作品中的情绪心理的表现手法，以及梵高的《向日葵》，毕加索的蓝色时期《悲剧》到玫瑰时期《卖艺人家》作品中的强烈内心个性的表现手法，强调通过色彩的冷暖来表现画面带来的情绪张力。在造型形态上，形态刻画进行了适当的变形，这些变形是在纯美学和装饰概念的基础上进行的，同时融入了作者的绘画灵感。此作品主要吸取了马蒂斯的《粉红色的裸女》，爱德华·蒙克的《阿尔斯加德街上的四个女孩》《生命之舞》等人物塑造时简练概括形态轮廓、抽象的手法。在绘画风格上，此作品属于抽象表现主义，追求独特的画面个性，随心所欲地表达内心感情，追求自由奔放的绘画基调，强调画面需要流露着自己的感情体会。在主题概念上，此作品的创意来源于作者自己身边的生活场景、人物情境和故事情节，是作者的回忆。

课后练习

  （1）收集各类场景资料，分别使用一点透视、二点透视、三点透视的透视方法创作一幅室内或室外场景插画。

  （2）分别将人物、动物融入场景插画，创作一幅插画。

  （3）为某个故事情节配一幅场景插画。

第 5 章　物品插画

【教学目标】

　　本章的教学目标是掌握物品插画的基本创作要素和原理，熟练使用 Illustrator 中的渐变功能、效果的各项功能等进行图像的绘制和各种肌理效果的制作，能够独立进行物品插画的创作。

【教学重点和难点】

　　本章的教学重点是物品插画的设计和对肌理的理解；难点是 Illustrator 中相应工具的使用。

【实训课题】

　　围绕以下主题创作插画。

　　（1）认真观察生活，分别以"我最爱的家乡美食""食堂美食"为题材创作一幅插画。

　　（2）对"什么是你心里最有纪念意义的物品"的问题进行思考，并围绕该物品创作一幅插画。

5.1 物品插画创作要素

5.1.1 物品插画的创作要领

在创作物品插画之前,最重要的是收集资料,资料收集得越充分,对创作物品插画越有帮助,我们在绘制过程中也越得心应手。不同物品的形体、色彩、肌理有很大的差别,所以物品插画需要根据主体的特征来选择不同的创作表现手法。为了更好地表现主体的特征,除了通过多观察,还需要多学习不同的绘画表现技法,以及各类肌理的绘画方法。具体来说,物品插画的创作要领有以下几点。

1. 素材的收集

俗话说"巧妇难为无米之炊",在创作过程中我们有时会缺乏对目标物品的想象,这时就需要借助优质素材来激发创作灵感。一个拥有大量素材资料的创作者能够快速进入创作。收集素材的途径很多,如图书馆、网络、拍摄等,只要是自己认为便捷的方式均可,这样素材可以有纸质版本、电子版本等多种形式。收集素材后还需要对其进行分类整理,按照不同的方式进行编排,这样在使用时能够快速找到自己想找的内容。同时,不能将素材随意存储在计算机中或摆放在书架上,需要时不时地翻阅,这样更能激发创作灵感。

2. 形体的把控

生活中的物品有千万种,好在与人物和动物相比,物品都是静止的,比较好观察其形体特征,并且很多物品可以使用基本的几何图形(圆形、方形、三角形)进行描绘。在对形体进行刻画的时候,也要注重其立体空间感,基本的透视原理在这里也是适用的。把控好复杂形体之间的转合关系,形体的内部结构特征,在表现手法上可以抽象凝练概括,也可以写实具象逼真。比例关系也是很重要的部分,形体之间的比例关系准确是基础。我们在平时应该多培养自己观察的能力,多思考形体之间的比例关系、转折线是如何处理的等问题。

3. 技法的掌握

物品还有着丰富的材质和肌理,这就需要熟练掌握和应用软件中的各种效果的技法,掌握这些技法其实并不难,难在如何应用。这些技法可能不需要多长的时间就能迅速掌握,但是在具体的创作过程中,如何在合适的场合中使用这些技法,这就是一个由理论到实践的过程。

5.1.2 物品插画的技法

我们将常见的物品的材质大致分为硬性材料和软性材料。硬性材料有玻璃、金属、木质、塑料等,软性材料有布、丝绸等,不同的材质有不同的肌理效果。下面我们分类对其技法进行讲解。

1. 物品插画技法

玻璃质感技法:在菜单栏中选择"效果"→"风格化"→"内发光"命令,打开"内发光"对话框,具体参数设置如图 5-1 所示;在菜单栏中选择"效果"→"风格化"→"投影"命令,打开"投影"对话框,具体参数设置如图 5-2 所示;最后在菜单栏中选择"效果"→"风格化"→"渐变"命令。玻璃一般是单色的,所以先使用渐变效果为其表面的光泽和透光性进行打底,再依次使用内发光效果和投影效果加强质感表现。玻璃质感闹钟的绘制效果如图 5-3 所示。

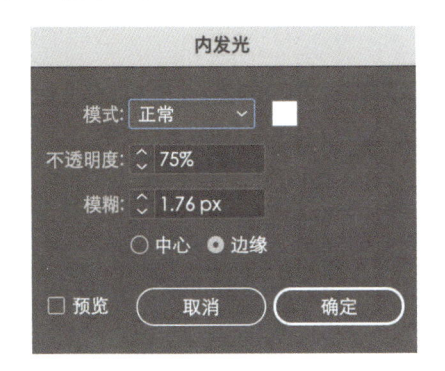

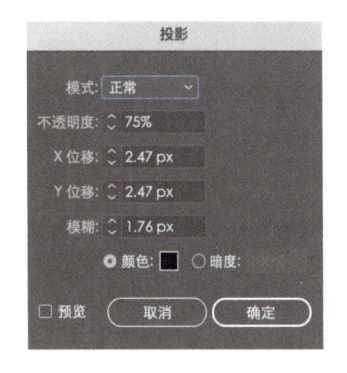

图 5-1

图 5-2

金属质感技法:使用工具栏中的渐变工具,创建颜色间的混合渐变,在"渐变"面板中根据不同金属的特性设置不同的过渡值。有的金属表面反光没有那么强烈,属于哑光类型,颜色过渡偏柔和;有的金属反光强烈,颜色过渡快。在细微的棱角边线的地方可以使用工具栏中的钢笔工具绘制一条高光线,再使用纯白色或有环境光反射的颜色进行填充。金属跑车的绘制效果图如图 5-4 所示。

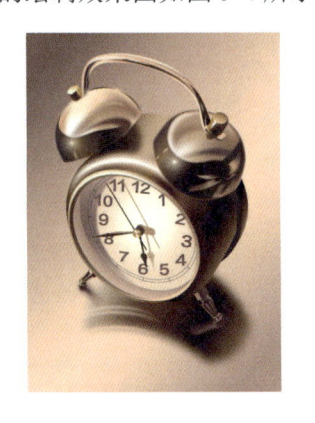

图 5-3

图 5-4

木质感技法:有些材质不是通过使用简单的渐变效果就能完成的,需要我们做出表面的肌理效果,如木纹。首先在菜单栏中选择"效果"→"素描"→"绘图笔"命令,打开"绘图笔"对话框,具体参数设置如图 5-5 所示,可以根据实际情况自行进行设置,并对纹理的色彩进行调整。

如果需要添加更加逼真的纹理效果,则可以在此基础上增加几个漩涡。选择工具栏中的宽度工具,从弹出的下拉列表中选择"旋转扭曲工具"选项,如图 5-6 所示,双击"旋转扭曲工具",打开"旋转扭曲工具选项"对话框,其具体参数设置如图 5-7 所示。

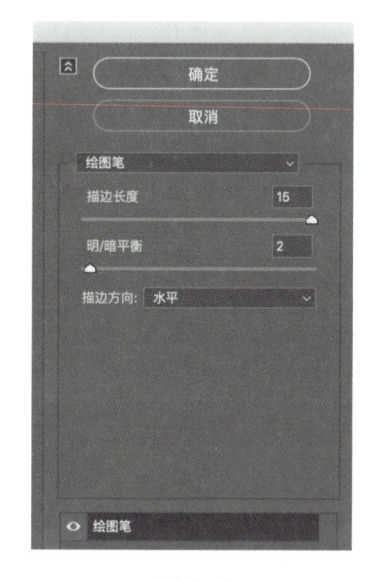

Illustrator 插画设计

图 5-5 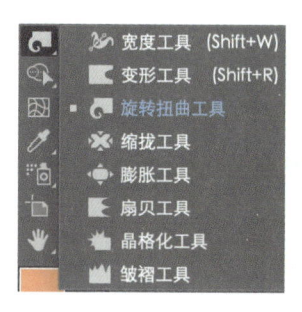　　　　　　　　　图 5-6 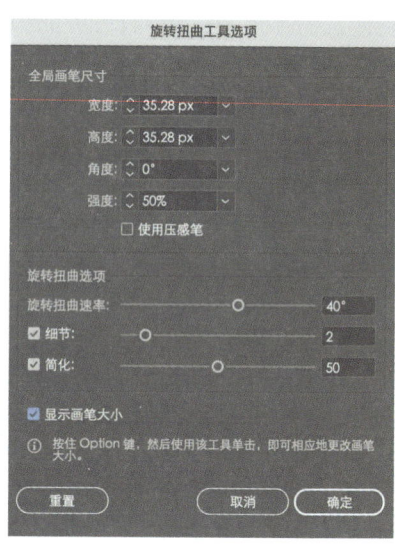　　　　　　　　　图 5-7

单击"确定"按钮，最终效果如图 5-8 所示。

最后在菜单栏中选择"效果"→"SVG 滤镜"→"AI_ 木纹"命令。最终制作效果如图 5-9 所示。

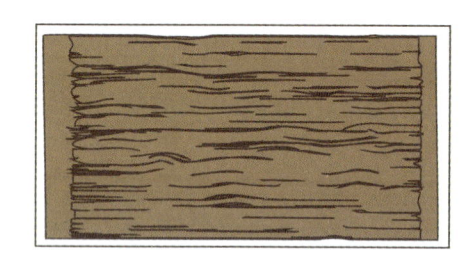

图 5-8 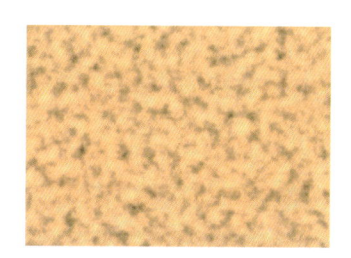　　　　　　　　　　　　　　图 5-9

毛线质感技法：可以使用 Illustrator 绘制毛衣上的一小段毛线外形，外形不能太硬太直，形状绘制如图 5-10（a）所示；再将此形状不断进行排列组合，最终组成一件毛衣的外形。也可以根据编织毛线的走向进行整体性处理。最终效果如图 5-10（b）所示。

（a） 　　　　　　　　　　　　　　（b）

图 5-10

2. 食物插画技法

食物插画是比较特殊的一类物品插画，这里单独对食物插画的技法进行讲解。食物的肌理主要通过种类来反映，大致分为肉类、蔬菜类、豆制品类、河蟹类、水果类、甜点类等。在绘制食物插画时，除了需要对食物的形体进行塑造，还需要特别注意食物的色彩。因为我们知道，具有鲜艳色彩的食物能够激发食欲。最好选择纯度高、明度高的色彩，这样多种食物放在一起，颜色会显得非常丰富。

食物外表皮有些会有粗糙的肌理，如橘子、花生、杏仁等，可以使用渐变打底。在菜单栏中选择"效果"→"扭曲"→"玻璃效果"命令，对纯色图片进行表面肌理的处理，具体参数设置如图 5-11 所示。

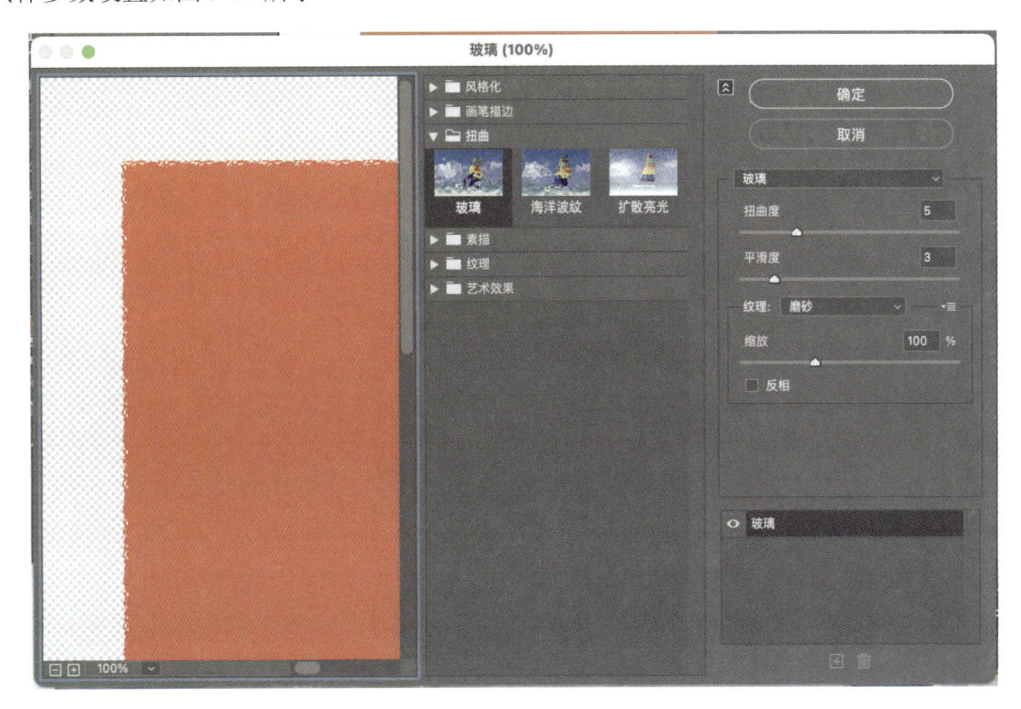

图 5-11

先在菜单栏中选择"效果"→"模糊"→"高斯模糊"命令，再在菜单栏中选择"效果"→"风格化"→"羽化"命令，对其进行处理，使表面纹理柔和，不显得突兀，具体参数设置如图 5-12 和图 5-13 所示，效果如图 5-14 所示。

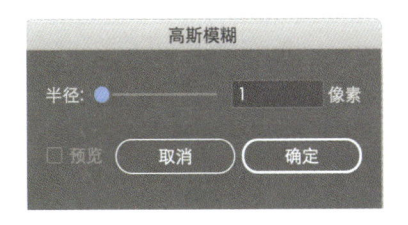

图 5-12

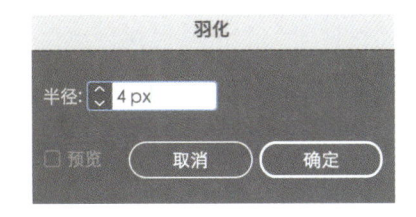

图 5-13

制作食物边缘被烤过的痕迹。选择食物外形后，在菜单栏中选择"效果"→"风格化"→"内发光"命令，打开"内发光"对话框，具体参数设置如图 5-15 所示。利用该方法可以处理饼干、烤面包、烤火腿等物品的边缘，效果如图 5-16 所示。

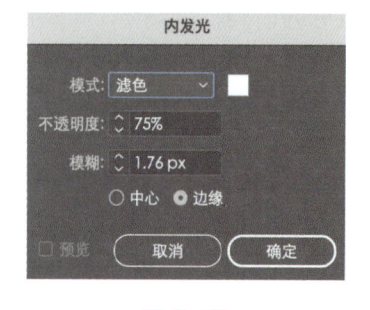

图 5-14

图 5-15

图 5-16

制作甜点上的糖衣。选择糖衣外形后，先在菜单栏中选择"效果"→"扭曲和变换"→"粗糙化"命令，打开"粗糙化"对话框，具体参数设置如图 5-17 所示。再在菜单栏中选择"效果"→"风格化"→"内发光"命令，制作内发光效果，具体参数设置如图 5-18 所示。利用此方法可以制作饼干中间的夹心、甜甜圈上面的糖衣等，最终效果如图 5-19 所示。

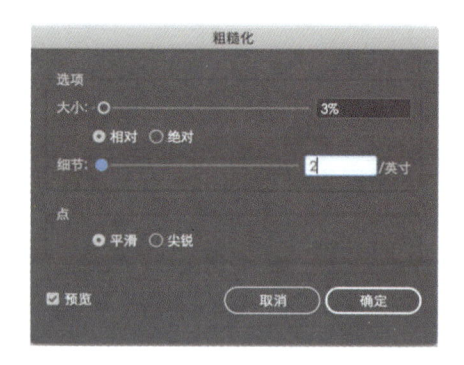

图 5-17

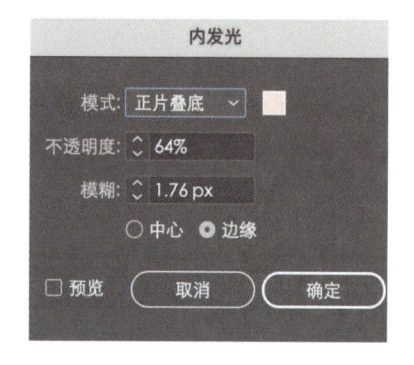

图 5-18

制作食物上的巧克力。选择巧克力外形后，先在菜单栏中选择"效果"→"风格化"→"内发光"命令，同时填充比巧克力更深点的颜色。再在菜单栏中选择"效果"→"风格化"→"投影"命令，利用投影功能处理巧克力后，得到立体化的效果，为巧克力增加光泽感。使用工具栏中的钢笔工具绘制光泽线，同时给予一定像素的填充，再利用前面讲述的高斯模糊功能增加巧克力的真实性。最终制作效果如图 5-20 所示。

图 5-19

图 5-20

5.2 创作实践

5.2.1 屏幕的绘制——计算机一体机

案例训练要点。
（1）学习屏幕的绘制方法；
（2）掌握屏幕反光材质的处理方法。

视频学习

1. 创作意图

计算机是日常工作和学习生活中比较常见的物品，一体机也是办公高配，此设计展现了一款概念性的计算机屏幕，从而体现电子产品材质的科技感。

2. 制作步骤

第一步：绘制屏幕外形及大体色彩。

使用工具栏中的钢笔工具绘制整个计算机一体机的外观形状，确定计算机一体机的大小，包括屏幕和屏幕的边框部分。随后使用工具栏中的渐变工具，在"渐变"面板中将"类型"设置为"线性渐变"，将渐变颜色设置为"深蓝—浅蓝—深蓝"，这种色调会使计算机一体机的科技感强一些。这是计算机一体机屏幕的主要部分，效果如图 5-21 所示。

先使用工具栏中的钢笔工具绘制与屏幕形状相同但较大一些的外壳，再使用工具栏中的渐变工具，在"渐变"面板中将"类型"设置为"线性渐变"，将渐变颜色设置为"深蓝灰—浅蓝灰—深蓝灰"，为外壳添加灰色的渐变的效果，使外壳有金属反光的感觉，如图 5-22 所示。最后在"图层"面板中，将外壳图层放在屏幕图层下方，从而使屏幕具有一定的厚度，将外壳与屏幕组合在一起的效果如图 5-23 所示。

图 5-21

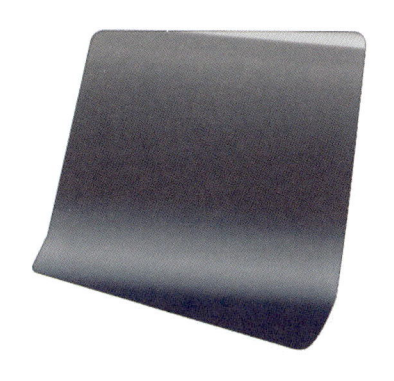

图 5-22

图 5-23

Illustrator 插画设计

随后在"图层"面板中新建一个图层,先在屏幕下方使用工具栏中的钢笔工具绘制一个新的矩形,作为屏幕的外壳部分,再使用工具栏中的渐变工具,在"渐变"面板中将"类型"设置为"线性渐变",将渐变颜色设置为银灰色,并将这个图层置于最上方。这时,屏幕的大致感觉就出来了,效果如图 5-24 所示。

> **操作提示**
>
> 在绘制金属或玻璃等表面坚硬、反光效果较好的材质时,要注意光的统一,如在图 5-24 中,屏幕与金属边框填充颜色的渐变角度、位置设置相同,所以衔接自然,效果也更加逼真。

第二步:添加屏幕反光及厚实感。

接下来根据制作好的外壳下半部分的光线感觉,绘制屏幕的反光。

先使用工具栏中的钢笔工具绘制反光的外形,再使用工具栏中的渐变工具,在"渐变"面板中将"类型"设置为"线性渐变",将渐变颜色调整为"蓝—浅蓝—蓝"的渐变效果,蓝色为高纯度高明度的蓝色,营造科技感。因为屏幕是玻璃材质的,所以边缘不使用渐变效果,而是使用比较锋利的过渡效果,表现出比较硬实的质感。但中间部分使用渐变效果,营造出线性反光的感觉,表现出玻璃的质感,绘制效果如图 5-25 所示。

图 5-24

图 5-25

接着,使用工具栏中的钢笔工具,在屏幕的内侧绘制厚度的体块,并且使用工具栏中的实时上色工具填充蓝灰色,制作出厚度效果。体块大小如图 5-26 所示,效果如图 5-27 所示。

图 5-26

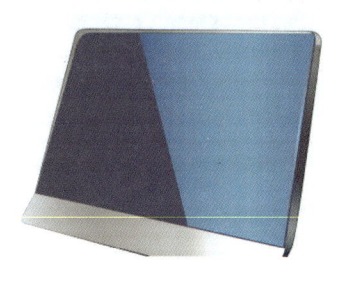

图 5-27

第三步：绘制计算机一体机的支架。

在屏幕的下方使用工具栏中的钢笔工具绘制支架的正面部分。因为支架是金属材质的，所以在工具栏中将填充颜色设置为银灰色，使用工具栏中的渐变工具进行填充，使用渐变效果做出光影的感觉。使用工具栏中的钢笔工具和渐变工具绘制屏幕在支架上的影子，效果如图 5-28 所示。

右边支架绘制：在"图层"面板中新建图层，使用工具栏中的钢笔工具，根据正面的形状绘制支架的侧面部分，支架收尾处可以隐藏在计算机屏幕的后面，将支架图层放在屏幕图层下方即可隐藏多余部分，如图 5-29 所示。

使用同样的绘制方式，绘制左边支架的侧面部分，注意支架的底部要与侧面的形状相匹配，支架与屏幕的角度要合理，效果如图 5-30 所示。

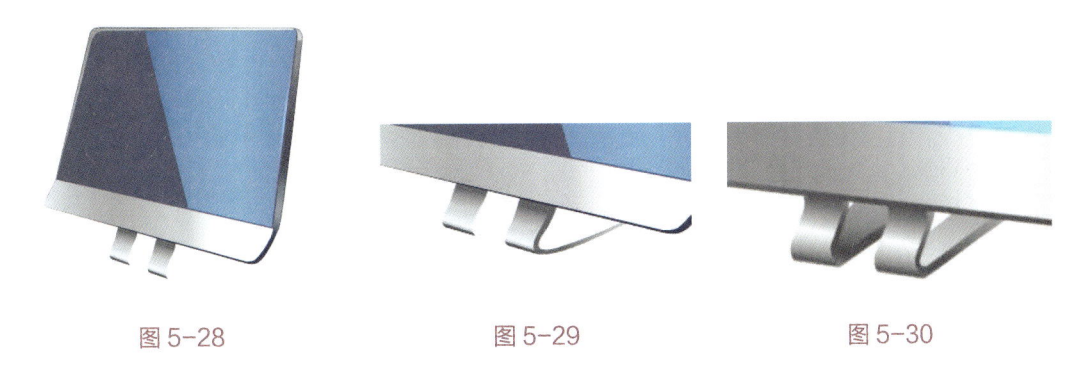

图 5-28　　　　　　　　　图 5-29　　　　　　　　　图 5-30

第四步：绘制出声口和开机按钮。

使用工具栏中的椭圆工具，根据屏幕的倾斜程度绘制椭圆形的出声口，再复制多份椭圆并进行排列组合，绘制的椭圆如图 5-31（a）所示，排列组合效果如图 5-31（b）所示。

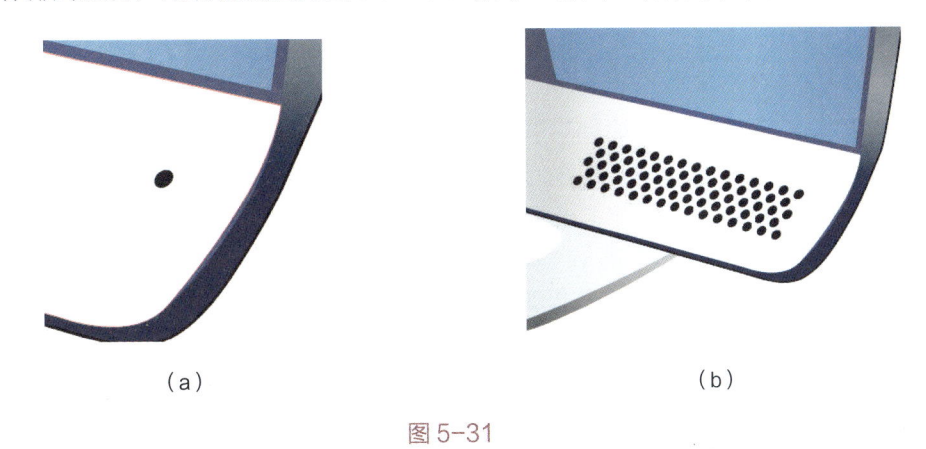

（a）　　　　　　　　　　　　　　（b）

图 5-31

复制椭圆组合并放置在左侧相同的位置，注意透视关系，左侧的出声口需要进行变形。如果透视出现问题，则可以使用工具栏中的直接选择工具进行调整，并进行细节刻画。两侧出声口效果如图 5-32 所示。

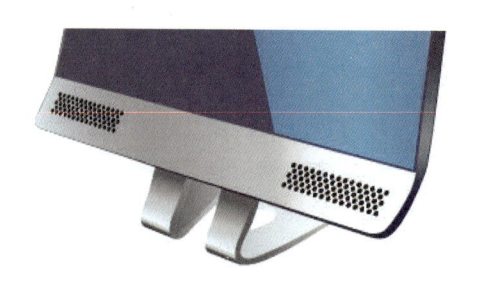

图 5-32

"再次变换"命令

当需要对相同的图形进行多次相同的变换时,可以使用"再次变换"命令来简化操作。下面对该命令的使用方法进行介绍。

第一步,如图 5-31(a)所示,绘制一个椭圆,选中这个椭圆并右击,在弹出的快捷菜单中选择"变换"→"移动"命令,打开"移动"对话框。在对话框中根据需要设置合适的水平移动距离。单击"复制"按钮,即可水平移动并复制出一个新的椭圆。

第二步,选中新的椭圆并右击,在弹出的快捷菜单栏中选择"变换"→"再次变换"命令,将新的椭圆再次进行移动和复制,并保持移动的距离和上一次操作相同。

操作技巧

"再次变换"命令的快捷键是 Ctrl+D 组合键。选中新的椭圆并按 Ctrl+D 组合键,同样执行"再次变换"命令,对新的椭圆进行移动和复制,并保持移动的距离和上一次操作相同。

接下来制作开机按钮。首先使用工具栏中的椭圆工具,在屏幕下方的外壳上绘制椭圆,透视与外壳保持一致。如果透视出现问题,则可以使用工具栏中的直接选择工具进行调整,如图 5-33 所示。

接下来使用工具栏中的钢笔工具和渐变工具,使用与绘制屏幕反光同样的方法绘制开机按钮的反光,表现玻璃质感,效果如图 5-34 所示。

图 5-33 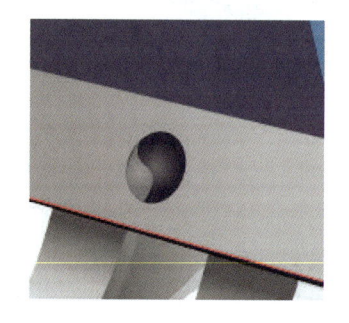   图 5-34

使用工具栏中的矩形工具、椭圆工具、钢笔工具等，绘制电源标志，也可以根据自己的设计进行调整，电源标志的样式如图 5-35 所示。

第五步：绘制阴影。

最后绘制投影，因为 Illustrator 的矢量性质及要体现硬的质感，所以这里使用椭圆工具绘制轮廓，使用渐变工具进行填充，绘制双层的椭圆图案渐变填充，最终效果如图 5-36 所示。

图 5-35

图 5-36

5.2.2 塑料质感的插画创作——单反相机

案例训练要点。

（1）学习相机的绘制方法；

（2）掌握塑料质感的处理方法。

1. 创作意图

单反相机的塑料质感与金属质感不同，没有金属质感那么有光泽，相比之下颜色更单一。同时，单反相机上还有除光滑塑料外的其他纹理。通过绘制单反相机，读者可以了解纹理效果的应用，绘制效果如图 5-37 所示。

图 5-37

2. 制作步骤

第一步：绘制轮廓图。

先选择工具栏中的钢笔工具，在"属性"面板的"外观"选项组中将"描边"粗细设置为1pt。然后使用钢笔工具绘制单反相机的大概结构和按钮的位置，具体的形体细节在后期填充颜色的过程中根据需要进行修改，效果如图5-38所示。

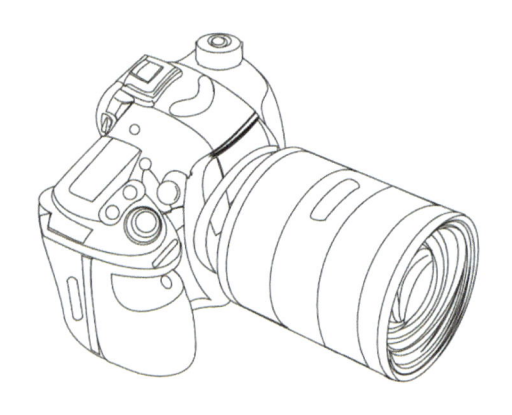

图 5-38

操作提示

在使用钢笔工具绘制复杂图形时，首先要注意各个图形前后的叠压关系，可以在图层面板中进行移动排列。其次要注意绘制封闭路径，以便后期进行颜色填充。

第二步：填充颜色。

在填充颜色的过程中我们要塑造出单反相机的塑料质感。塑料质感分为光滑塑料和磨砂塑料。光滑塑料质感可以使用工具栏中的渐变工具，在"渐变"面板中将"类型"设置为"线性渐变"来实现；磨砂塑料质感可以使用工具栏中的实时上色工具填充颜色来实现。

在填充颜色时要注意在"图层"面板中的前后叠压关系。在使用工具栏中的渐变工具填充颜色时，镜头部分渐变属性的设置如图5-39所示，效果如图5-40所示。

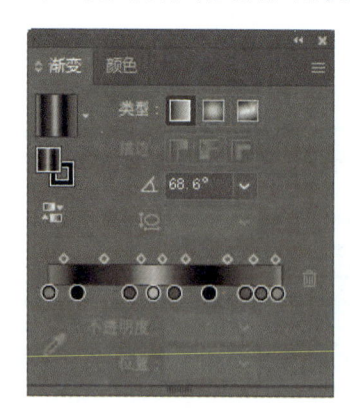

图 5-39 　　　　　　　　　　图 5-40

第三步：刻画细节。

随后我们对单反相机按钮的细节进行刻画。按钮上有简单的纹理，在菜单栏中选择"效果"→"纹理"→"纹理化"命令，如图5-41所示。在弹出的"纹理化"对话框中选择"画布"选项，再进行简单调节即可，具体参数设置如图5-42所示。

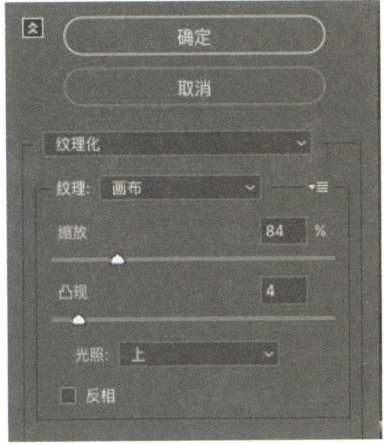

图 5-41

图 5-42

"纹理化"滤镜介绍

"纹理化"滤镜可以在图形中加入各种纹理，使图形呈现纹理质感。在菜单栏中选择"效果"→"纹理"→"纹理化"命令，弹出"纹理化"对话框，如图5-42所示。"纹理化"对话框中的属性如下。

（1）"纹理"属性：可以在该选项的下拉列表中选择一种纹理，将其添加到图形中。可以选择的选项有"砖形"、"粗麻布"、"画布"和"砂岩"4种。

（2）"缩放"属性：设置单位纹理的大小。

（3）"凸现"属性：设置纹理的凸出程度。

（4）"光照"属性：在该属性的下拉列表中可以选择光线照射的方向，共有"下""左下""左""左上""上""右上""右""右下"8个选项。

（5）"反相"复选框：反转光线照射的方向。

第四步：添加高光、投影。

接下来我们在按钮上添加高光，虽然很小，但却是点睛之笔，不能忽略，如图5-43所示。

在制作投影时我们需要注意：在使用工具栏中的钢笔工具绘制投影形状时，要与物体本身的形状相呼应。在菜单栏中选择"效果"→"模糊"→"高斯模糊"命令，在弹出的对话框中对形状轮廓进行高斯模糊、虚化操作，添加投影后的效果如图5-44所示。

图 5-43　　　　　　　　　　　图 5-44

第五步：添加背景。

最后，使用工具栏中的矩形工具绘制一个和画板大小相同的矩形，并填充相应的颜色作为背景，使整个画面更和谐，这样作品就完成了。最终效果如图 5-45 所示。

图 5-45

5.2.3　金属质感的插画创作——闹钟

案例训练要点

（1）学习闹钟的绘制方法；

（2）掌握金属质感、阴影等细节的处理方法。

1. 创作意图

物体质感的制作，无非是抓住质感本身的特点，并最高程度地将其还原，达到逼真的效果。金属质感最大的特点在于它的光泽，即通过反光、高光来体现物体本身的形态，闹钟效果图如图 5-46 所示。

2. 制作步骤

第一步：绘制轮廓图。

选择工具栏中的钢笔工具，在"属性"面板的"外观"选项组中，设置钢笔工具的粗细。因为在填充颜色后我们需要取消掉描边，所以现在使用钢笔工具绘制闹钟的大致形状和结构即可。效果如图 5-47 所示。

图 5-46 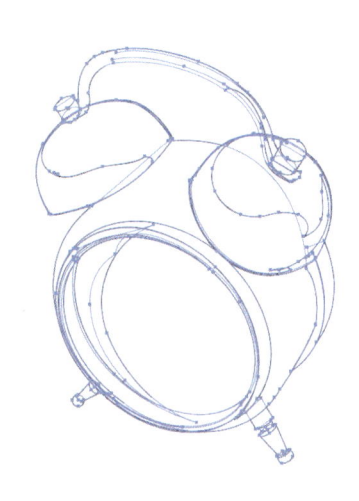   图 5-47

第二步：填充颜色。

因为要塑造出金属质感，所以在填充颜色前我们要注意，金属质感的物体是不可能有大面积相同的颜色的，每一个面的颜色都会因为灯光、环境等因素发生变化，因此在绘制具有金属质感的物体时将会频繁地使用工具栏中的渐变工具。

这里以闹钟的表盘为例，给表盘填充颜色。选中我们刚才绘制的轮廓线，选择工具栏中的渐变工具，随后在"渐变"面板中将"类型"设置为"径向渐变"或"线性渐变"，具体参数设置如图 5-48 所示。

操作提示

在渐变工具的"属性"面板中，调节滑块可以调节渐变的位置，双击滑块可以改变渐变的颜色，最深处的 CMYK 颜色值如图 5-49 所示。

也可以使用工具栏中的渐变工具，直接在形状上调节滑块，改变渐变的颜色和位置，渐变工具的位置如图 5-50 所示。

填充颜色后还要对轮廓线进行简单的处理。关闭在第一步创建的轮廓线，选中想要关闭的轮廓线，单击"属性"面板中的 ╱ 按钮，如图 5-51 所示。

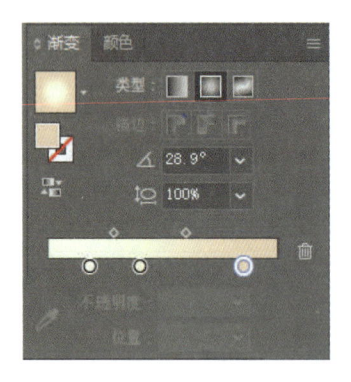

图 5-48

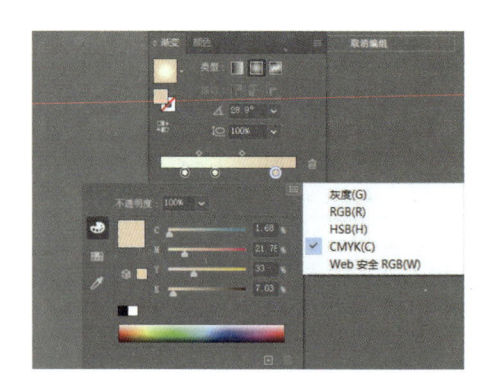

图 5-49

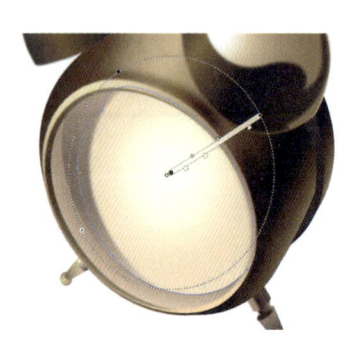

图 5-50

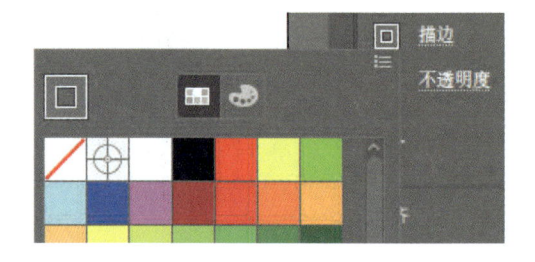

图 5-51

在制作时，为了使金属质感更逼真，不能关闭体现结构的色块边线，要对其进行高斯模糊处理。在菜单栏中选择"效果"→"模糊"→"高斯模糊"命令，如图 5-52 所示，打开"高斯模糊"对话框，如图 5-53 所示。

图 5-52

图 5-53

在"高斯模糊"对话框中，勾选"预览"复选框，并将滑块调节到合适的位置，单击"确定"按钮,最终效果如图 5-54 所示。

第三步:添加高光和反光。

我们在使用工具栏中的钢笔工具添加高光和反光时需要注意,高光和反光虽然没有固定的形状、颜色和位置,但在添加时不能破坏了物体本身的结构,高光和反光的添加除了使质感更真实,还能使物体的结构更合理、饱满。高光和反光的颜色要融合在整个物体和环境内,也需要在菜单栏中选择"效果"→"模糊"→"高斯模糊"命令,对轮廓进行高斯模糊处理。

添加高光和反光后的整体效果如图 5-55 所示。

图 5-54 　　　　　　　　　　　　　　图 5-55

认识星形工具

1. 星形工具的使用方法

在工具栏的矩形工具组中选择"星形工具"选项,将鼠标指针移动到界面上。在界面中的任意位置按下鼠标左键并拖动鼠标指针。星形的绘制和多边形的绘制相同,都是从中心开始由内向外生成图形。并且在拖动鼠标指针的同时,创建的图形也会随着鼠标指针进行旋转。当达到想要的星形的大小和角度时,释放鼠标左键,星形就绘制完成了。

2. 在手动绘制星形时调整星形的参数的快捷键

(1)在拖动鼠标指针的同时,每按一次↑键,就可以使星形增加一角;每按一次↓键,就可以使星形减少一角。

(2)在按住 Shift 键的同时拖动鼠标指针,能够绘制一角垂直向上的正五角星。

(3)拖动鼠标指针的过程中,在某一位置按住 Ctrl 键,再次拖动鼠标指针,可以保持星形内侧半径不变,仅外侧半径随鼠标指针的移动而发生变化。

(4)在按住~键的同时拖动鼠标指针,将绘制以鼠标单击点为中心点且随鼠标指针的移动不断向外扩散的多个同心星形。

（5）在拖动鼠标指针的过程中按住空格键，能够移动正在绘制的星形。当将星形移动到合适的位置时，释放空格键，可以继续拖动鼠标指针，更改星形的大小。

（6）在按住 Alt 键的同时拖动鼠标指针，能够使星形中所有的边与其相对的边始终保持在同一直线上。

第四步：添加细节。

在添加时间、表针时需要注意，时针、分针、秒针都属于细节处理，在使用工具栏中的钢笔工具绘制轮廓时要对其形态进行简单的区分，在使用工具栏中的实时上色工具填充颜色时要与整体统一。最后还需要注意添加厚度和投影，以及指向时间的合理性，如图 5-56 所示。

在使用工具栏中的钢笔工具和渐变工具描绘闹钟投影时，注意其颜色、形状都要与物体本身相呼应。单击形状轮廓，同样根据前述步骤添加高斯模糊效果就可以了。闹钟投影效果如图 5-57 所示。

图 5-56

图 5-57

第五步：添加背景。

画面中只有一个闹钟难免有些突兀，因此我们需要添加一个与闹钟相协调的背景色。使用工具栏中的矩形工具绘制一个和画板大小相同的矩形，并填充相应的颜色作为背景，以丰富画面，也使闹钟上的反光显得更合理，这样作品就完成了。最终效果如图 5-58 所示。

图 5-58

5.2.4 食物的色泽与质感塑造——基围虾

案例训练要点

（1）学习基围虾的绘制方法；
（2）掌握基围虾结构线的绘制方法、模糊与羽化的配合使用、符号库的使用方法。

视频学习

1. 创作意图

餐桌上总是有各式各样的美食，如色泽鲜艳的基围虾，如图 5-59 所示。看了图片中的美食，就让人忍不住也绘制一幅属于自己的佳肴。绘制效果如图 5-60 所示。

图 5-59 　　　　　　　　　　　图 5-60

2. 制作步骤

第一步：绘制基围虾。

使用工具栏中的钢笔工具绘制基围虾的大概轮廓，如图 5-61 所示。随后使用工具栏中的实时上色工具为基围虾填充颜色。在填充颜色后，关闭刚才创建的轮廓线。具体步骤为：选中轮廓线，单击"属性"面板中的 ⁄ 按钮以关闭轮廓线，关闭轮廓线后如图 5-62 所示。

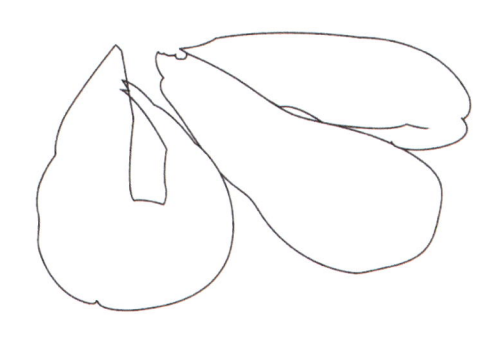

图 5-61 　　　　　　　　　　　图 5-62

随后我们以左侧的基围虾为例，进行细节刻画。根据图片中的结构，我们需要使用工具栏中的钢笔工具绘制结构线，注意线条要有变化，不能太死板，在绘制时，可以在"属性"面板中更改描边的样式和粗细。

在菜单栏中选择"效果"→"风格化"→"羽化"命令，对线条进行不同程度的羽化处理，不同部位的效果不同，羽化的半径也不同，视具体情况而定。在"羽化"对话框中，将"半径"设置为1px～3px不等，具体参数设置可以参考图5-63（a）和图5-63（b），线条形状的选择可以参考图5-64。

（a） （b）

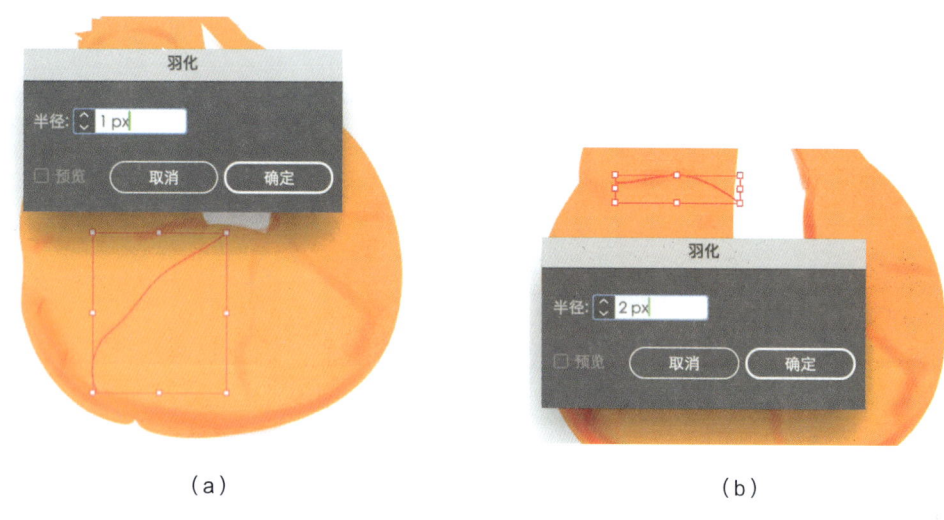

图5-63

处理后的效果如图5-65所示。

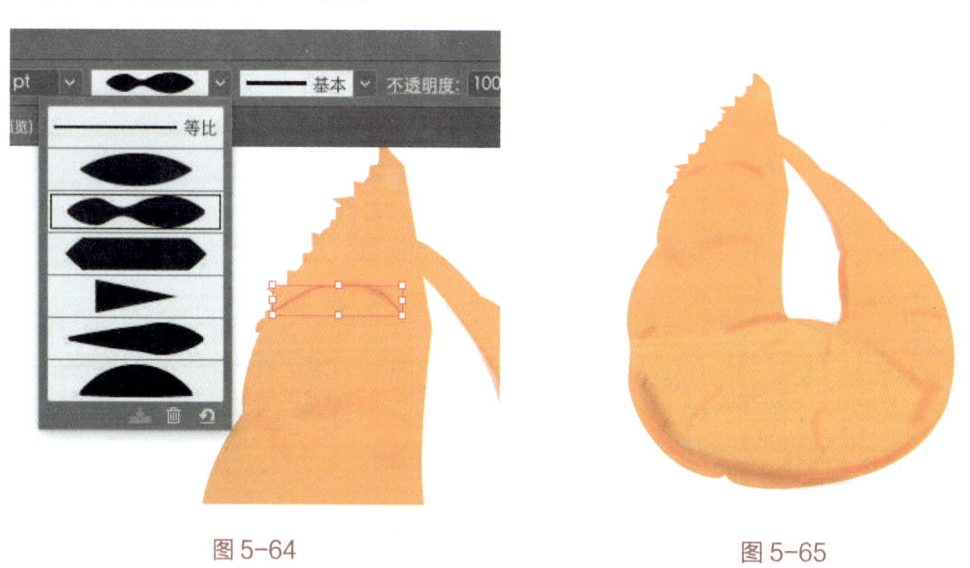

图5-64　　　　　　　　　　　　图5-65

添加细节：使用工具栏中的钢笔工具、实时上色工具和渐变工具，根据图片的颜色为基围虾增加层次感。当我们添加大小、颜色不同的色块时要注意，添加色块是为了增加图形的立体感、质感和真实性，不能打破图形的整体性。除此之外，添加的色块要自然，不能太死板，效果如图5-66所示。

添加色块后，在菜单栏中选择"效果"→"风格化"→"羽化"命令，或者选择"效果"→"模糊"→"高斯模糊"命令，进行适当的羽化或高斯模糊处理，使色块更自然地与图形相融合。此时需要耐心地叠加色块，完成后如图 5-67 所示。

图 5-66 　　　　　　　　　　　　　　图 5-67

接下来继续使用工具栏中的钢笔工具和渐变工具为基围虾添加投影，并且和前述步骤相同，在菜单栏中选择"效果"→"风格化"→"羽化"命令，对投影进行羽化处理，效果如图 5-68 所示。

其他两只基围虾也可以按照同样的方法绘制，绘制完成后摆放在一起，最终效果如图 5-69 所示。

图 5-68 　　　　　　　　　　　　　　图 5-69

第二步：绘制盘子。

首先使用工具栏中的钢笔工具绘制大概的轮廓，如图 5-70 所示。

然后使用工具栏中的实时上色工具为盘子填充颜色，在填充时注意顶面是较浅的蓝灰色，厚度的颜色要比顶面的蓝灰色更深一些，效果如图 5-71 所示。

最后使用工具栏中的钢笔工具和渐变工具为盘子添加投影，并且添加高斯模糊效果，对投影进行模糊处理，效果如图 5-72 所示。

第三步：绘制汤汁。

首先使用工具栏中的钢笔工具绘制大概的轮廓,如图5-73所示。

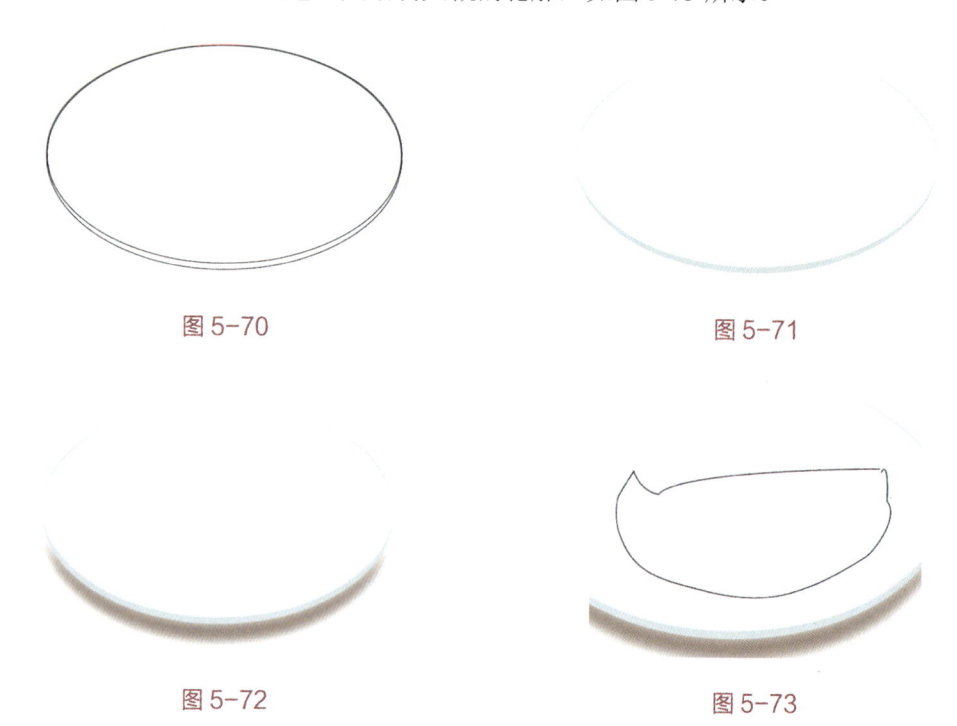

图5-70

图5-71

图5-72

图5-73

然后使用工具栏中的渐变工具填充渐变颜色,选中轮廓线,单击"属性"面板中的 ◻ 按钮以关闭轮廓线,效果如图5-74所示。

图5-74

最后,为其添加羽化效果,完成汤汁的绘制,如图5-75所示。

第四步:绘制摆盘。

在菜单栏中选择"窗口"→"符号"命令,打开"符号"面板,如图5-76(a)所示。单击左下角的"符号库菜单"按钮,选择其中的"花朵"选项,打开"花朵"面板,选择"红玫瑰"选项,如图5-76(b)所示,将"红玫瑰"图形调整至合适的大小、位置、方向。

图5-75

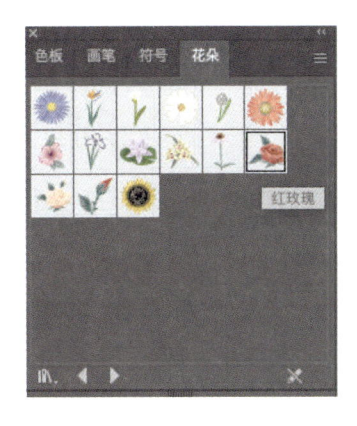

　　　　　（a）　　　　　　　　　　　（b）

图 5-76

认识"符号"面板

　　"符号"面板用于放置和管理符号文件。在"符号"面板中可以新建符号、编辑符号、删除符号、复制符号和重新定义符号。

　　打开"符号"面板的方式是在菜单栏中选择"窗口"→"符号"命令。"符号"面板中的按钮如下。

　　（1）"符号库菜单"按钮：单击"符号库菜单"按钮 ，能够打开符号库，选择符号类型，调用更多的符号。

　　（2）"置入符号实例"按钮：在选中需要添加的符号后，单击"置入符号实例"按钮 ，将符号添加到画板上；或者单击需要添加的符号，将符号拖动到画板上。

　　（3）"断开符号链接"按钮：如果需要修改已添加到画板中的符号某一部分的大小、形态等，可以选中符号，单击"符号"面板底部的"断开符号链接"按钮 ，再右击，在弹出的快捷菜单中选择"取消编组"命令。

　　（4）"符号选项"按钮：选中"符号"面板中的某一符号，单击"符号选项"按钮 ，弹出"符号选项"对话框，在对话框中可以查看符号的名称、类型等属性。

　　（5）"新建/删除符号"按钮：选中画板上的某一图形后，单击"新建符号"按钮 ，弹出"符号选项"对话框，设置符号名称等属性后单击"确定"按钮，即可新建符号。选中"符号"面板中的某一符号，单击"删除符号"按钮 ，即可将其删除。

操作提示

　　在"符号"面板中，可以通过单击来选择相应的符号。如果需要选择多个连续的符号，则可以先单击起始符号，在按住 Shift 键的同时单击想要选择的最后一个符号；如果需要选择多个不连续的符号，则可以在按住 Ctrl 键的同时单击想要选择的符号。

　　在菜单栏中选择"窗口"→"符号库"→"自然"命令，如图 5-77 所示，打开"自然"

面板，选择"植物2"选项，如图5-78所示。

图5-77

重复以上操作，多次添加"植物2"符号，对符号进行大小、旋转等变换操作，并进行合理排列，如图5-79所示。

图5-78  图5-79

操作技巧

打开"符号"面板快捷键：Shift+ Ctrl+ F11 组合键。

使用与之前相同的操作,为"植物 2"和"红玫瑰"添加羽化效果。使用工具栏中的钢笔工具和渐变工具为盘子添加投影,并且添加高斯模糊效果,对投影进行模糊处理,注意投影的颜色要与汤汁呼应,如图 5-80 所示。

在"图层"面板中,将所有绘制好的基围虾图层打开,将基围虾放置在盘子中,并调整到合适的位置,效果如图 5-81 所示。

图 5-80　　　　　　　　　　　　　　图 5-81

最后使用钢笔工具、渐变工具,以及高斯模糊效果的添加方法在汤汁中添加高光,如图 5-82 所示。

第五步:绘制背景。

使用工具栏中的矩形工具绘制一个和画板大小相同的矩形,并填充心仪的颜色作为背景,如图 5-83 所示。

图 5-82　　　　　　　　　　　　　　图 5-83

在此基础上先使用工具栏中的钢笔工具绘制一个四边形,再使用工具栏中的渐变工具为四边形添加合适的渐变颜色。注意,为表现出光影的效果,应该将渐变颜色设置为上深下浅。背景制作完成后如图 5-84 所示。

最后我们将之前做好的物品放置在背景上,作品就完成了。最终效果如图 5-85 所示。

图 5-84   图 5-85

5.2.5 食物的色泽与质感塑造——西式美食

案例训练要点

（1）学习各类西式美食的绘制方法；

（2）掌握食物色泽与质感的处理方法，掌握晶格化、颗粒等效果的绘制方法。

1. 创作意图

在绘制食物时，可以简化造型，但要注意色泽和质感的塑造，这样才能使食物看起来更诱人，最终绘制效果如图 5-86 所示。

图 5-86

2. 制作步骤

第一步：绘制器具。

选择工具栏中的钢笔工具，在"属性"面板的"外观"选项组中设置钢笔工具的粗细，使用钢笔工具绘制餐盘的形状，效果如图 5-87 所示。

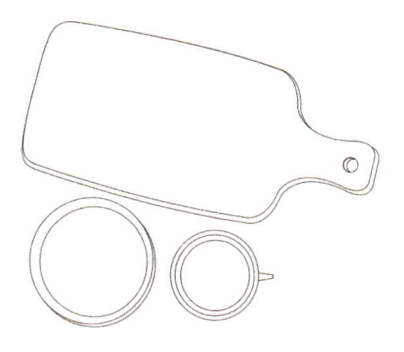

图 5-87

填充颜色：使用工具栏中的实时上色工具为盘子填充颜色。我们在制作木质的器具时，需要注意木质器具的不同面在光线的影响下的颜色变化，如图 5-88 和图 5-89 所示。

图 5-88　　　　　　　　　　　　　　图 5-89

制作圆形木盘的深度，使用工具栏中的渐变工具，对其进行渐变填充，在"渐变"面板中设置渐变效果的不透明度，颜色设置如图 5-90 所示，咖啡杯中的咖啡同理。

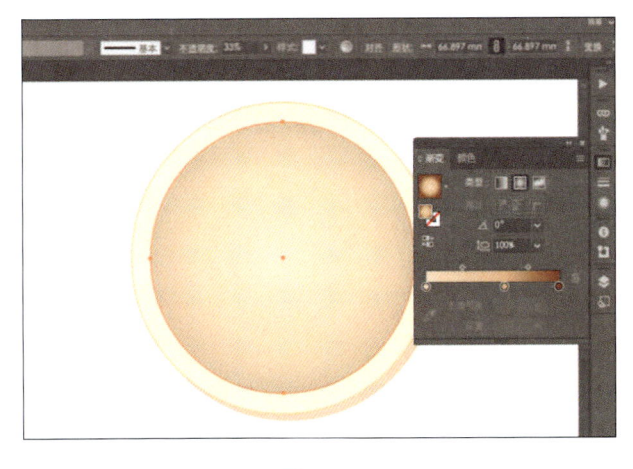

图 5-90

制作投影，效果如图 5-91 所示。

添加细节：为木质器具添加纹理。使用工具栏中的直线工具绘制长短不同的直线，在"属性"面板中将描边粗细设置为 2pt，颜色设置为比木板深一些的颜色，将其距离不等地放在木板上。

注意，在绘制圆形器具的纹理时，要确保在"图层"面板中，纹理图层在小的圆形图层的下一层，效果如图 5-92 所示。

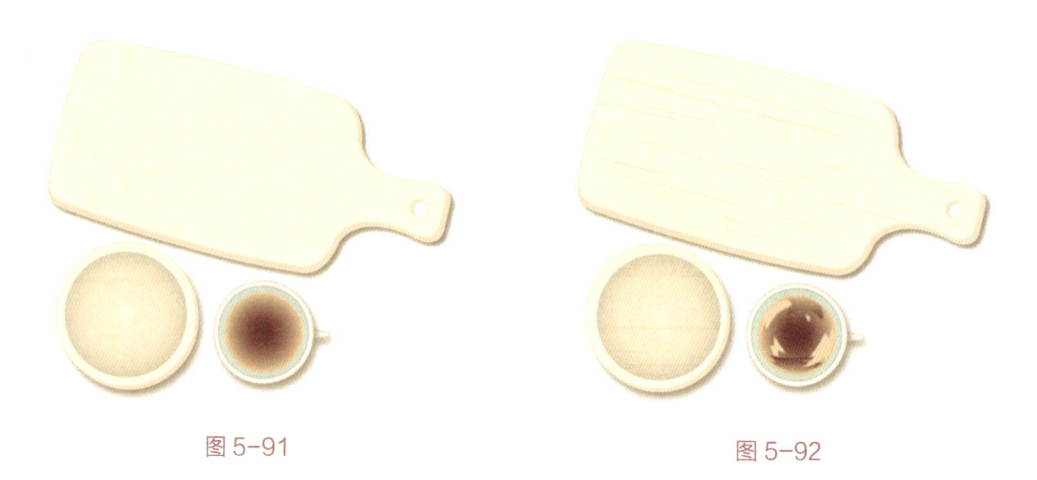

图 5-91

图 5-92

第二步：绘制食物。

（1）绘制草莓。

注意每绘制一种食物都要建立一个新图层，使用工具栏中的钢笔工具绘制草莓轮廓，如图 5-93 所示。

填充颜色：使用工具栏中的实时上色工具填充颜色。注意，中间的形状要在菜单栏中选择"效果"→"模糊"→"高斯模糊"命令，对投影进行高斯模糊处理，使草莓显得更真实。选中轮廓线，单击"属性"面板中的 ◻ 按钮以关闭轮廓线，效果如图 5-94 所示。

图 5-93

图 5-94

使用工具栏中的钢笔工具和渐变工具为草莓添加阴影，并且使用高斯模糊效果，对阴影进行模糊处理，效果如图 5-95 所示。

使用工具栏中的选择工具选中两个图形，先在菜单栏中选择"对象"→"编组"命令，将草莓和投影进行编组，再进行复制、旋转和摆放，如图 5-96 所示。

图 5-95

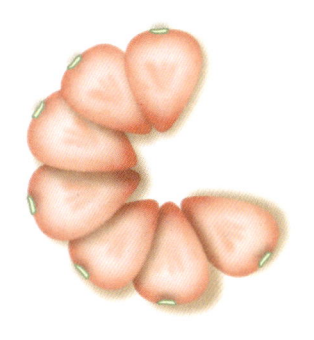

图 5-96

（2）绘制面包。

使用工具栏中的钢笔工具绘制面包的轮廓，如图 5-97 所示。

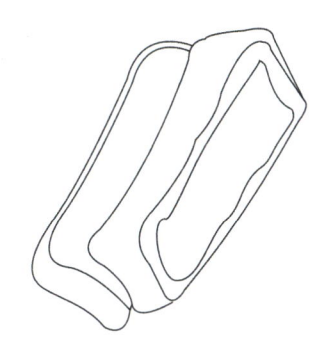

图 5-97

填充颜色：在工具栏中的填充工具组中为面包选择颜色，如图 5-98 所示。选择颜色后使用工具栏中的实时上色工具为其填充颜色，随后选中轮廓线，单击"属性"面板中的 ⁄ 按钮以关闭轮廓线，或者将轮廓线设置为其他不突兀的颜色。

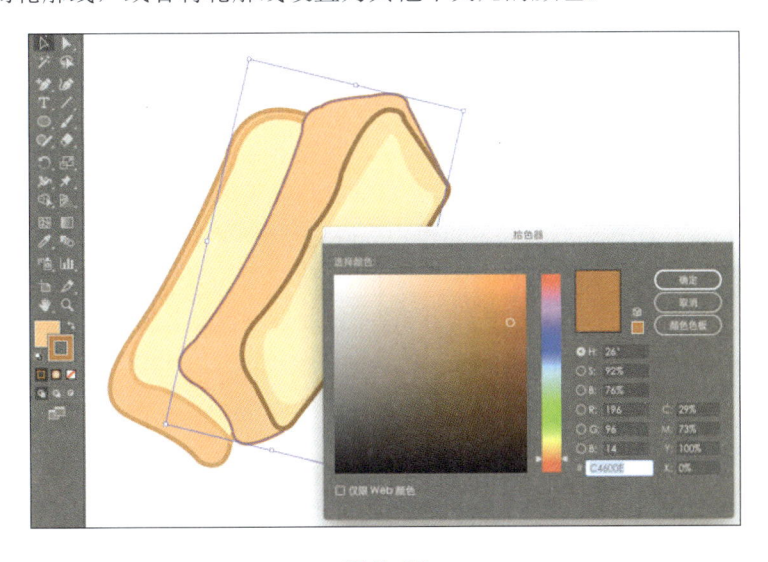

图 5-98

Illustrator 插画设计

添加质感：在为面包添加质感时需要注意，面包有一种松软且粗糙的质感，选中要改变的图形，在菜单栏中选择"效果"→"纹理"→"颗粒"命令，如图 5-99 所示。在弹出的"颗粒"对话框中，设置合适的强度和对比度，如图 5-100 所示，单击"确定"按钮。

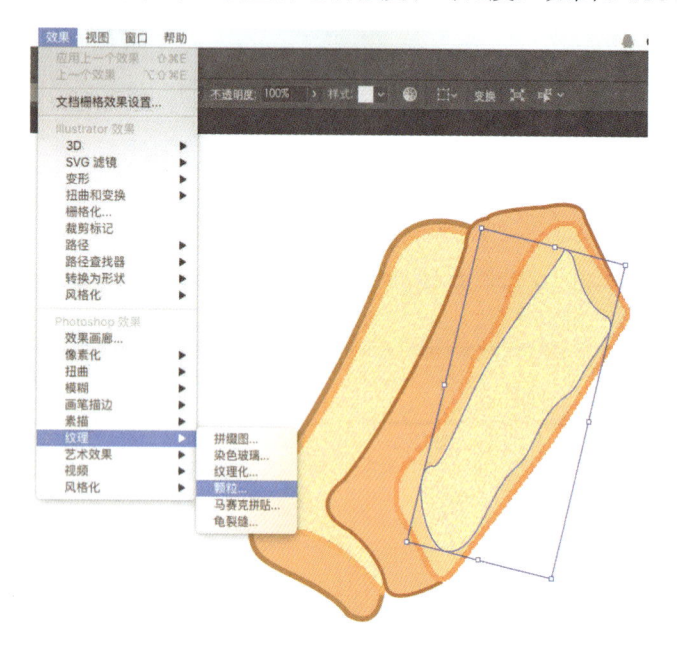

图 5-99

图 5-100

"颗粒"滤镜介绍

"颗粒"滤镜可以为图形添加不同种类的高度拟真纹理，以增强物品的质感。在菜单栏中选择"效果"→"纹理"→"颗粒"命令，弹出"颗粒"对话框。"颗粒"对话框中的属性及其说明如下。

（1）"强度"属性：调节颗粒的强度，强度越大，颗粒效果越明显。

（2）"对比度"属性：调节颗粒的对比度，对比度越高，颗粒效果越明显。

（2）"颗粒类型"属性：单击该属性右侧的下拉按钮，在弹出的下拉列表中可以修改颗粒的外观，包括"常规"、"柔和"、"喷洒"、"结块"、"强反差"、"扩大"、"点刻"、"水平"、"垂直"和"斑点"选项。

选中面包片外圈的形状，在菜单栏中选择"效果"→"像素化"→"晶格化"命令，如图 5-101（a）所示。弹出"晶格化"对话框，调整相关参数，如图 5-101（b）所示，单击"确定"按钮。

"晶格化"滤镜介绍

"晶格化"滤镜可以使相近的像素集中到一个像素的多角形的网格中，使图形明朗化。

"晶格化"滤镜的打开方式：在菜单栏中选择"效果"→"像素化"→"晶格化"命令。

在"晶格化"对话框中，"单元格大小"文本框用于控制多边形的网格大小，可以输入 0～300 中的任一数值。数值越大，多边形越大。在绘图过程中，根据需求调节即可。

（a）

（b）

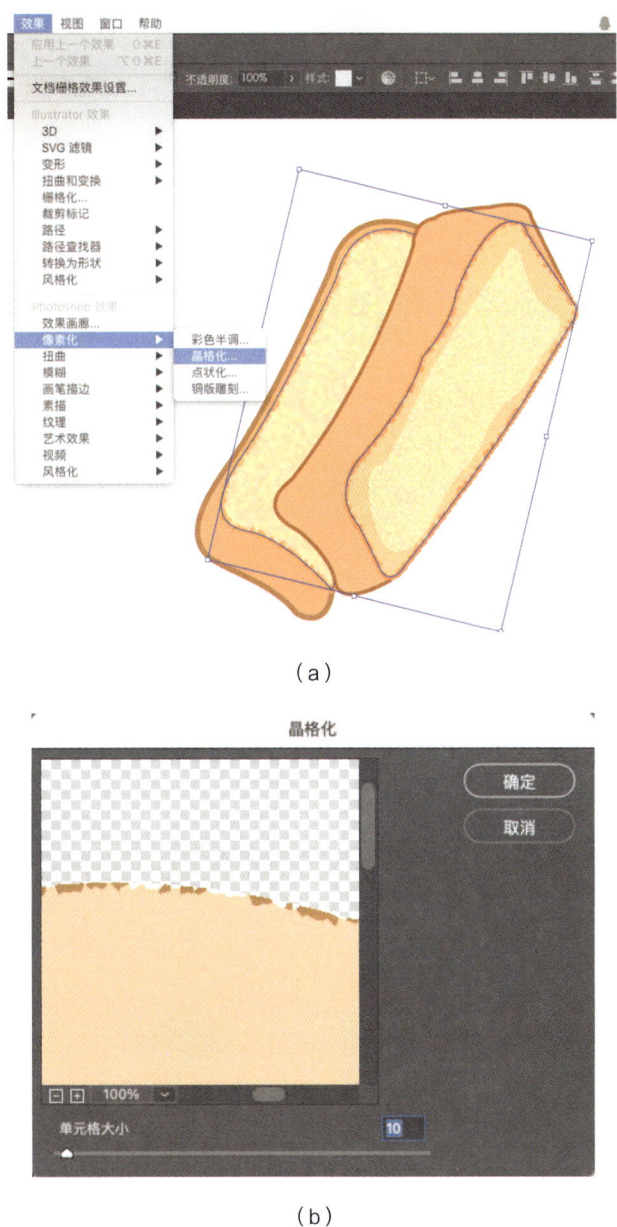

图 5-101

在菜单栏中选择"效果"→"风格化"→"羽化"命令，在弹出的"羽化"对话框中，将"半径"调整为合适的数值，对所有轮廓进行不同程度的羽化，如图 5-102 所示。

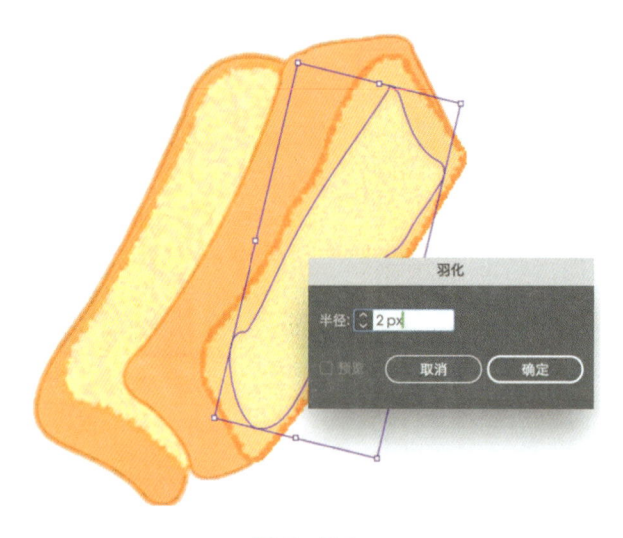

图 5-102

为了塑造面包被烘焙过的感觉,需要为其添加一个投影。在菜单栏中选择"效果"→"风格化"→"投影"命令,弹出"投影"对话框,将"模式"设置为"正片叠底",调整投影的位置和不透明度,勾选"预览"复选框,查看效果,合适后单击"确定"按钮,如图 5-103 所示。

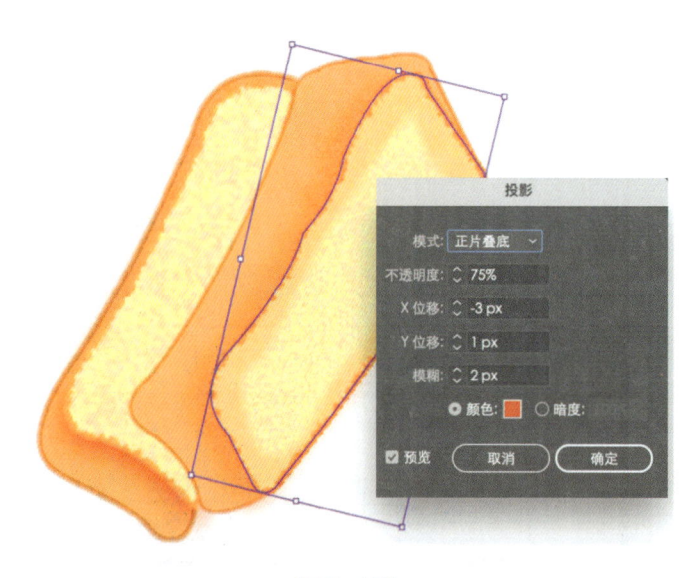

图 5-103

使用工具栏中的钢笔工具和渐变工具为面包添加投影,并且对投影进行羽化处理,面包制作完成后的效果如图 5-104。

(3)绘制香肠。

使用工具栏中的钢笔工具绘制香肠的轮廓,如图 5-105 所示。

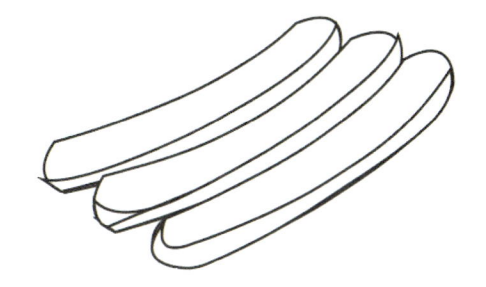

图 5-104　　　　　　　　　　　　　图 5-105

填充颜色：使用工具栏中的实时上色工具填充颜色，暗部直接填充一个比香肠颜色深的颜色即可。注意，在填充亮部时要使用工具栏中的渐变工具，在"渐变"面板中将"类型"设置为"线性渐变"，具体参数设置如图 5-106 所示。填充完成后选中轮廓线，单击"属性"面板中的 ⁄ 按钮以关闭轮廓线。

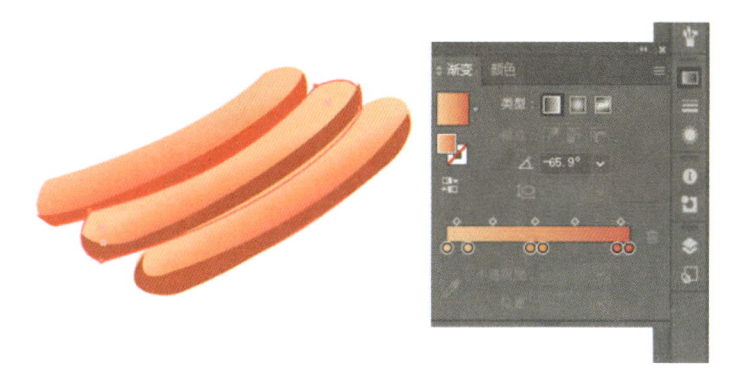

图 5-106

添加质感：选中暗部，在菜单栏中选择效果→"风格化"→"羽化"命令，弹出"羽化"对话框，具体参数设置如图 5-107 所示。

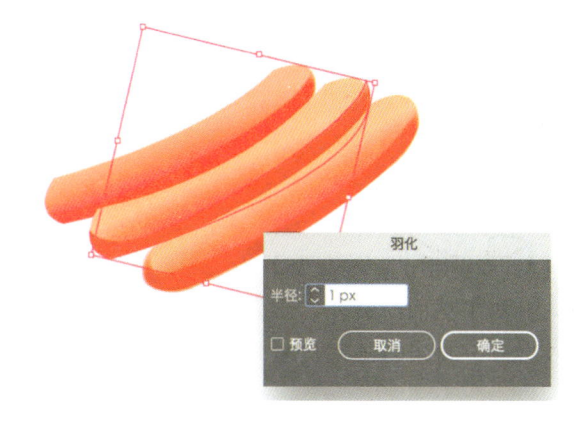

图 5-107

Illustrator 插画设计

为香肠添加高光。使用工具栏中的钢笔工具为香肠添加高光，为线条填充比香肠颜色浅的颜色，如图 5-108 所示。在菜单栏中选择"效果"→"模糊"→"高斯模糊"命令，添加高斯模糊效果。添加高光后的效果如图 5-109 所示。

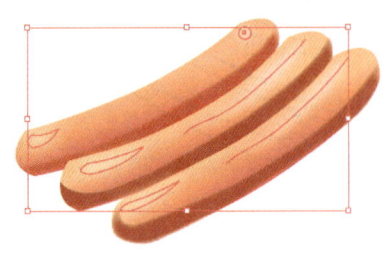

图 5-108 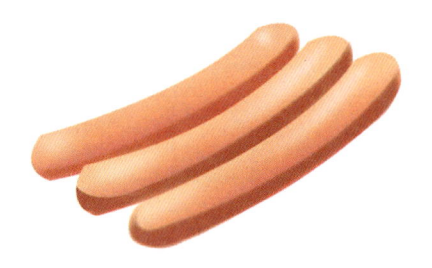　　　　　　　　　　图 5-109

使用工具栏中的钢笔工具和渐变工具为香肠添加投影，并对投影进行羽化处理，添加投影后的效果如图 5-110 所示，香肠制作完成的效果如图 5-111 所示。

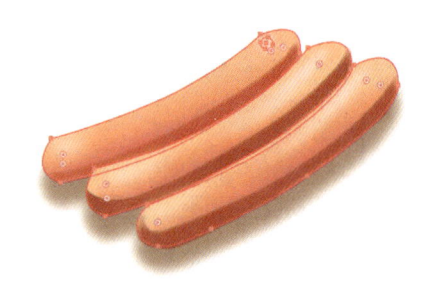

图 5-110 　　　　　　　　　　图 5-111

（4）绘制西红柿。

使用工具栏中的钢笔工具绘制西红柿的轮廓，如图 5-112 所示。

填充颜色：使用工具栏中的实时上色工具填充颜色，填充完成后选中轮廓线，单击"属性"面板中的☑按钮以关闭轮廓线。效果如图 5-113 所示。

图 5-112 　　　　　　　　　　图 5-113

随后选择上层边缘,如图 5-114 所示。在菜单栏中选择"效果"→"风格化"→"羽化"命令,对上层边缘进行羽化处理,效果如图 5-115 所示。

图 5-114　　　　　　　　　　　　　　图 5-115

添加质感:使用工具栏中的钢笔工具和渐变工具为内部结构添加红色的投影,为使西红柿显得更逼真,在菜单栏中选择"效果"→"风格化"→"投影"命令,打开"投影"对话框,将"模式"设置为"正片叠底","不透明度"设置为 75%,如图 5-116 所示,添加投影后的效果如图 5-117 所示。

图 5-116　　　　　　　　　　　　　　图 5-117

为西红柿添加高光。使用工具栏中的钢笔工具为西红柿添加高光,为线条填充比西红柿颜色浅的颜色,如图 5-118 所示。在菜单栏中选择"效果"→"模糊"→"高斯模糊"命令,添加高光后的效果如图 5-118 所示。

添加投影:使用工具栏中的钢笔工具和渐变工具为西红柿添加投影,并对投影进行羽化处理。在添加投影时一定要注意改变投影的颜色。西红柿制作完成后的效果如图 5-119 所示。

图 5-118 　　　　　　　　　　　　　　　　图 5-119

（5）绘制生菜。

使用工具栏中的钢笔工具绘制生菜的轮廓，如图 5-120 所示。

填充颜色：使用工具栏中的实时上色工具填充颜色，为生菜填充下层较深，上层较浅的绿色。填充完成后选中轮廓线，单击"属性"面板中的⃞按钮以关闭轮廓线。效果如图 5-121 所示。

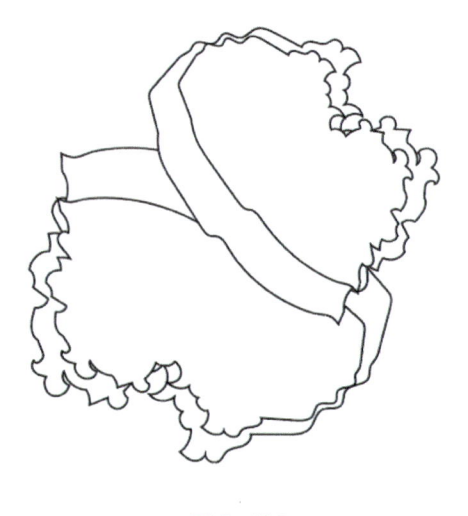

图 5-120 　　　　　　　　　　　　　　　　图 5-121

添加细节：使用工具栏中的铅笔工具在四周增加一些颜色深浅不一的小叶子，要注意层次感。再将除底层深色叶子外的所有叶子的边缘进行羽化处理，羽化效果如图 5-122 所示。

添加投影：使用工具栏中的钢笔工具和渐变工具为生菜添加投影，并为其添加羽化效果，最终效果如图 5-123 所示。

（6）绘制煎蛋。

使用工具栏中的钢笔工具绘制煎蛋的轮廓，如图 5-124 所示。

图 5-122

图 5-123

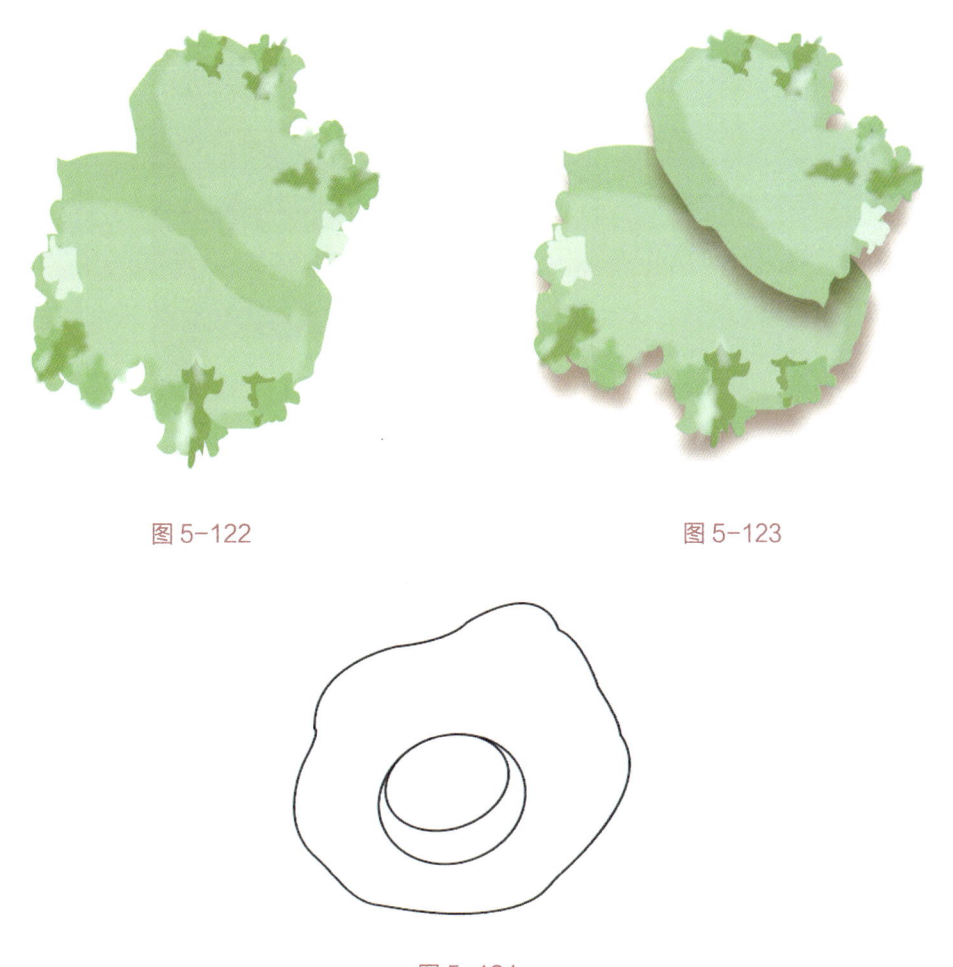

图 5-124

填充颜色：使用工具栏中的渐变工具，在"属性"面板中将蛋黄外侧渐变的"类型"设置为"线性渐变"，具体参数设置如图 5-125 所示。将蛋黄内侧渐变的"类型"设置为"径向渐变"，具体参数设置如图 5-126 所示，填充完成后选中轮廓线，单击"属性"面板中的 ╱ 按钮以关闭轮廓线。

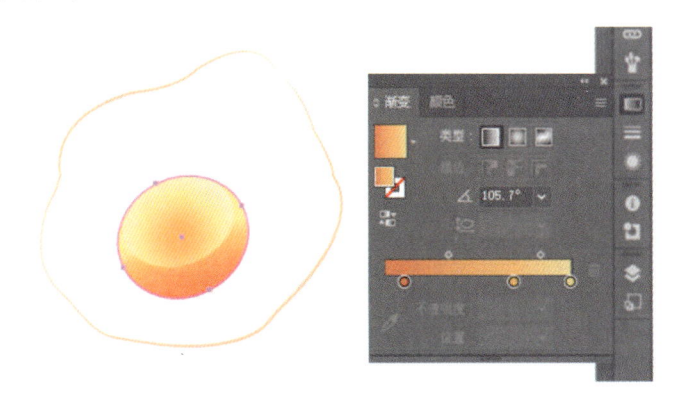

图 5-125

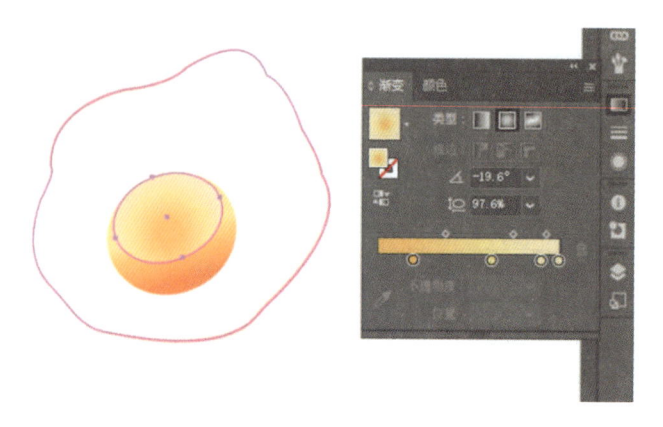

Illustrator 插画设计

图 5-126

随后单击蛋清的轮廓线,在"属性"面板中进行调整,选择如图 5-127 所示的选项。

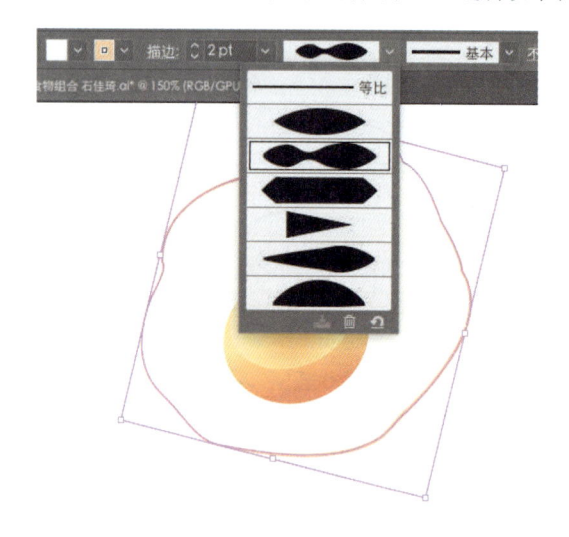

图 5-127

添加细节:对 3 个形状的边缘进行羽化处理,如图 5-128 所示,效果如图 5-129 所示。

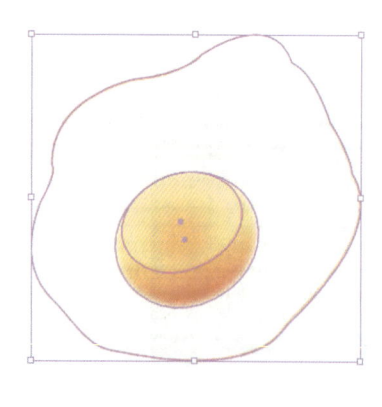

图 5-128

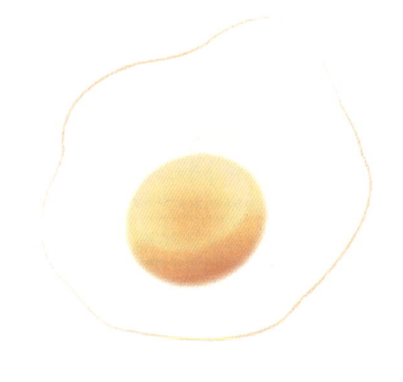

图 5-129

先使用工具栏中的钢笔工具为煎蛋添加暗部，如图 5-130 所示。再使用相同的方法为煎蛋添加高光，如图 5-131 所示。随后对边缘进行羽化处理，效果如图 5-132 所示。

图 5-130　　　　　　　　图 5-131　　　　　　　　图 5-132

使用工具栏中的钢笔工具和渐变工具为煎蛋添加投影，并为其添加羽化效果。煎蛋最终的绘制效果如图 5-133 所示。

第三步：组合食物。

在"图层"面板中，将所有绘制好的物品的图层打开，将物品摆放到合适的位置，效果如图 5-134 所示。

图 5-133　　　　　　　　　　　图 5-134

第四步：添加背景。

使用工具栏中的矩形工具绘制一个和画板大小相同的矩形，并填充相应的颜色作为背景，如图 5-135（a）所示。在"属性"面板中选择一种样式，如图 5-135（b）所示。

先使用工具栏中的矩形工具绘制矩形，再选择工具栏中的渐变工具，在"渐变"面板中将"类型"设置为"线性渐变"，具体参数设置如图 5-136 所示。

使用工具栏中的钢笔工具绘制一朵浅色小花，并多次进行复制和粘贴，对小花的大小和位置进行调整，效果如图 5-137 所示。

Illustrator 插画设计

（a） （b）

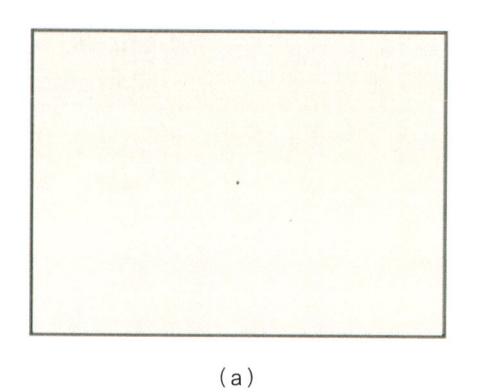

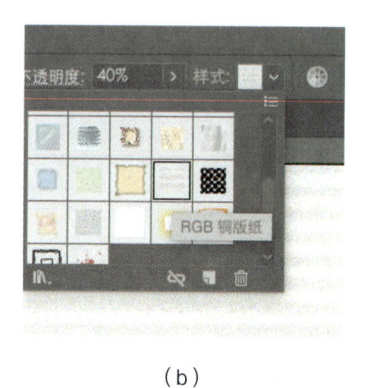

图 5-135

图 5-136

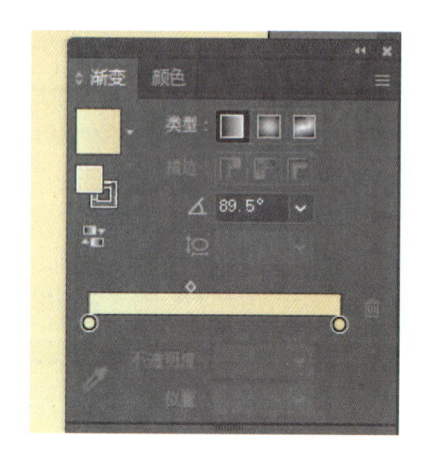

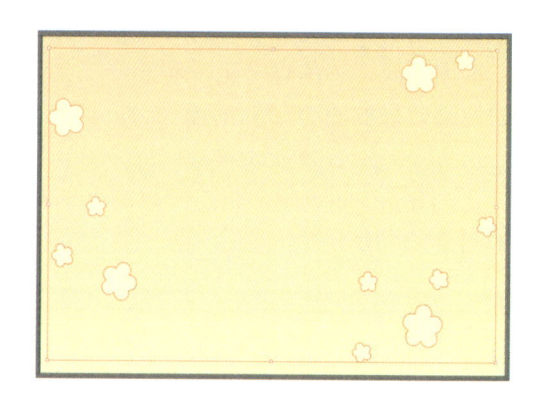

图 5-137

使用工具栏中的选择工具选中渐变矩形和浅色小花，在菜单栏中选择"对象"→"编组"命令，将渐变矩形和浅色小花编组，并置于底层，背景就制作完成了，如图 5-138 所示。

第五步：绘制完成。

在"图层"面板中，将绘制好的物品和背景摆放在一起，并调整至合适的位置，最终效果如图 5-139 所示。

图 5-138

图 5-139

5.3 习作欣赏点评

5.3.1 油条和豆浆

一日之计在于晨,现代人生活节奏快,往往对早餐比较忽视。早餐吃什么呢?在武汉、西安、长沙等各地有非常多的早餐供人们选择,那么我们就从最简单的油条和豆浆来开启我们一天的工作和生活吧!这幅作品色彩明快,能够引起人们的食欲。对油条的刻画较为深入,立体感强,透视基本准确,使用了颜色变化的块面对油条的表面肌理进行刻画,较为逼真,如图 5-140 所示。

图 5-140

5.3.2 精致小吃

面条、卷饼都是美味的小吃,不同的配料能做出不同的口味。这幅作品色彩鲜亮,对食物的刻画规范,形体塑造能够反映出作者一定的基本功。这幅作品采用了俯视的镜头,全方位地呈现了盘中的食物,食材的饱和度高,唯一的不足是盘子的阴影显得有些生硬,如图 5-141 所示。

图 5-141

5.3.3 小笼包

上学路过包子铺,包子香味随风飘来,我总是会买一笼小笼包在路上边走边吃,热乎乎的小笼包为冬日清晨带来一丝温暖,这也是上学路上最深刻的记忆。如图 5-142 所示,这幅作品使用俯视的视角绘制这一桌早餐,虽然画面中的物品较多,但是刻画简洁,高度凝练概括,色调使用比较准确。但蒸笼、粥、味碟等的摆放显得有些拥挤。

图 5-142

5.3.4 西红柿叉烧面

吃过西红柿鸡蛋面的人有很多,如果配上叉烧,那么吃过的人就比较少了吧?这幅作品整体色彩和谐,红、黄、绿等色彩,能够激发大家的食欲,同时注意到了对细节的刻画,不足之处是高光使用了纯白色,如果能够加入一些食物的固有色,那么会获得更加逼真的效果,如图 5-143 所示。

图 5-143

5.3.5 美味甜点

在心情低落的时候吃一份甜点,心情立马会好起来;当遇到高兴的事情时,也可以吃一份甜点进行庆祝……能够将甜点的香甜表现出来是件不容易的事情。下面两幅作品使用不同的手法绘制甜点,都很好地表现出了甜点的美味。巧克力的流汁如图 5-144 所示,柔滑如丝的甜筒冰激凌如图 5-145 所示。

图 5-144　　　　　　　　　　　　　　图 5-145

5.3.6 缤纷美食

如何绘制火腿、比萨、水果、蛋糕等不同食物的肌理?其实只要掌握了基本的绘画方法,形体比例准确,注意明暗关系,仔细观察食物的特征,使用高纯度与高饱和度的颜色,再复杂的食物也能轻松自如地绘制出来。火腿蛋糕组合如图 5-146,水果餐具组合如图 5-147 所示。

图 5-146

图 5-147

5.3.7 美食组合

多份食物的组合绘画,除了刻画好每种食物,还需要注意不同食物、不同碗碟之间的组合搭配关系,如图 5-148、图 5-149 和图 5-150 所示。

图 5-148

图 5-149

图 5-150

5.3.8 生活中的物件

生活中有很多物件对不同的人有不同的意义，这些物件都可以使用几何图形进行绘制。使用纯色调扁平化的手法绘制生活中的物件是一种不错的方式。扁平化风格的相机如图 5-151 和图 5-152 所示。

生活中除了现代物件，还有一些老物件，老物件更有纪念意义。煤油灯如图 5-153 所示，热水瓶如图 5-154 所示。

| Illustrator 插画设计

图 5-151

图 5-152

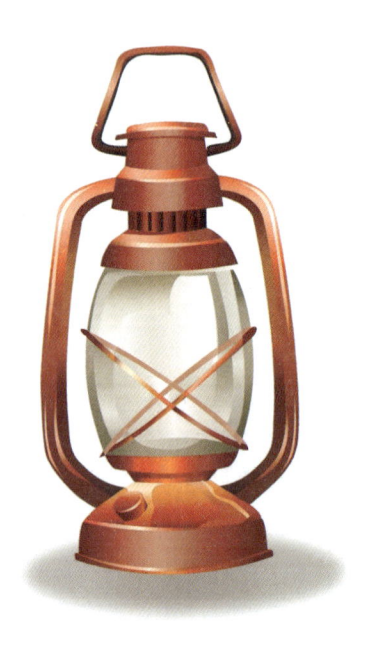

图 5-153

图 5-154

5.3.9 超写实物件

绘制金属质感的机器人,需要注意颜色的搭配,多绘制反光来体现质感,如图 5-155(a)所示。从头部引出身体,要多绘制细节来体现出机器人的复杂感。通过凹凸有致的形状刻画,凸显出机器人的威猛形态,同时要注意透视和光源。金属剑的质感一定要从光感中体现,反光与暗部要搭配好,反光要注意环境色。绘制效果如图 5-155(b)所示。

（a）　　　　　　　　　　　　　　（b）

图 5-155

5.3.10 仿绘画效果类的插画

使用 Illustrator 还能模仿各种绘画效果，如油画、国画、水彩、炭笔画、版画等。模仿水彩效果的作品如图 5-156 所示，体现了水彩轻薄与细腻的感觉；模仿油画效果的作品如图 5-157 所示，其笔触感浑厚有力，笔刷干脆。这两幅作品采用不同的手法较好地诠释了主题，各有各的风格。

图 5-156 　　　　　　　　　　　图 5-157

5.3.11 交通工具类的插画

交通工具是大家日常生活中常用又常见的,自行车和老爷车分别如图 5-158、图 5-159 所示。其中,自行车较好地注意了形体比例透视关系,单一的色调也能较好地表达明暗之间的关系,不足之处在于对轮胎的处理,如果橡胶轮胎也能够有明暗关系的对比,则自行车将更有立体感,如图 5-158 所示。

图 5-158

老爷车是以网络图片为原型进行绘制的,其主要特点是使用软件工具表现质感。同样是色调单一的物件,金属质感的表现特别需要注重明暗交界线处,以及暗处的反光。这幅作品形体塑造严谨,高光与反光等细节注意到位,立体感较强,如图 5-159 所示。

图 5-159

5.3.12 综合练习

综合前面的学习,将人物、动物、物品聚集在一个场景中,构成一个有趣的故事,如图 5-160 所示。

图 5-160

课后练习

(1)收集各类物品的资料,分别以"生活中的物品""我最爱的美食"为主题创作一幅插画。

(2)将人物、动物、物品融入场景,综合创作一幅插画。

参考文献

[1] 安宝江，刘克丹. 中国近现代插图史 [M]. 重庆：重庆大学出版社，2021.

[2] 沈蕾. 当代插图艺术十二讲 [M]. 北京：北京大学出版社，2020.

[3] 邵宁，张轶. 新媒体视域下的插画视觉设计，北京：电子工业出版社. 2020.

[4] 李均明，刘国忠，刘光胜，等. 当代中国简帛学研究 1949-2019[M]. 北京：中国社会科学出版社，2020.

[5] 张建宇. 中唐至北宋《金刚经》扉画说法图考察 [J]. 北京：世界宗教研究，2018(02).

[6] 刘东霞. 插画设计 [M]. 北京：人民邮电出版社，2015.

[7] 韩晓梅，张全. 插画创意设计 [M]. 北京：中国建筑工业出版社，2013.

[8] 彭澎，张弘，杨红燕. 插画与设计 [M]. 北京：高等教育出版社，2010.

[9] 高友飞，刘葶葶. 插图设计 [M]. 安徽：合肥工业大学出版社，2009.

[10] 邓雅楠. 插图设计 [M]. 山东：山东美术出版社，2009.

[11] 盛容，王健. 插图艺术 [M]. 安徽：合肥工业大学出版社，2006.